高等院校"十二五"应用型艺术设计
教育系列规划教材

居住空间设计

主　编　李微微　雷　鸣　赖莉莉

参　编　王海文　罗　琼　杨永波

　　　　董晓楠　郑　莹　丁　真

合 肥 工 业 大 学 出 版 社

图书在版编目（CIP）数据

居住空间设计 / 李微微，雷鸣，赖莉莉主编—合肥：合肥工业大学出版社，2014.11

ISBN 978-7-5650-1846-6

Ⅰ.①居… Ⅱ.①李…②雷…③赖… Ⅲ.①住宅—室内装饰设计

Ⅳ.TU241

中国版本图书馆 CIP 数据核字（2014）第 107265 号

居 住 空 间 设 计

主　　编：李微微　雷　鸣　赖莉莉
责任编辑：王　磊
装帧设计：尉欣欣
技术编辑：程玉平
书　　名：高等院校"十二五"应用型艺术设计教育系列规划教材——居住空间设计

出　　版：合肥工业大学出版社
地　　址：合肥市屯溪路 193 号
邮　　编：230009
网　　址：www.hfutpress.com.cn
发　　行：全国新华书店
印　　刷：安徽联众印刷有限公司
开　　本：889mm×1194mm　1/16
印　　张：7
字　　数：210 千字
版　　次：2014 年 11 月第 1 版
印　　次：2014 年 11 月第 1 次印刷
标准书号：ISBN 978-7-5650-1846-6
定　　价：48.00 元
发行部电话：0551-62903188

序
PROLOG

　　当前，在产业结构深度调整，服务型经济迅速壮大的背景下，社会对设计人才素质和结构的需求发生了一系列的新变化……并对设计人才的培养模式提出了新的挑战。现在一方面是大量设计类毕业生缺乏实践经验和专业操作技能，其就业形势严峻；另一方面是大量企业难以找到高素质的设计人才，供求矛盾突出。随着高校连续十多年扩招，一直被设计人才供不应求所掩盖的教学与实践脱节的问题更加凸显出来，并促使我们对设计教学与实践进行反思。目前主要问题不在于设计人才的培养数量，而是设计人才供给、就业与企业需求在人才培养方式、规格上产生了错位。要解决这一问题，设计教育的转型发展是必然趋势，也是一项重要任务。向应用型、职业型教育转型，是顺应经济发展方式转变的趋势之一。李克强总理明确提出要加快构建以就业为导向的现代职业教育体系，推动一批普通本科高校向应用技术型高校转型，并把转型作为即将印发的《现代职业教育体系建设规划》和《国务院关于加快发展现代职业教育的决定》中强调的优先任务。

　　教材是课堂教学之本，是师生互动的主要依据，是展开教学活动的基础，也是保障和提高教学质量的必要条件。不少高校囿于种种原因，形成了一个较陈旧的、轻视应用的课程机制及由此产生的脱离社会生活和企业实践的教材体系，或以老化、程式化的教材结构维护以课堂为中心的教学方法。为此，组建各类院校设计专业骨干构成的作者团队，打造具有实践特色的教材，将促进师生的交流互动和社会实践，解决设计教学与实践脱节等问题，这也是设计教育改革的一次有益尝试。

　　该系列教材基于工作室教学背景下的课题制模式，坚持了实效性、实用性、实时性和实情性特点，有意简化烦琐的理论知识，采用实践课题的形式将专业知识融入一个个实践课题中。该系列教材课题安排由浅入深，从简单到综合；训练内容尽力契合我国设计类学生的实际情况，注重实际运用，避免空洞的理论介绍；书中安排了大量的案例分析，利于学生吸收并转化成设计能力；从课题设置、案例分析、参考案例到知识链接，做到分类整合、交互相促；既注重原创性，也注重系统性；整套教材强调学生在实践中学，教师在实践中教，师生在实践与交互中教学相长，高校与企业在市场中协同发展。该系列教材更强调教师的责任感，使学生增强学习的兴趣与就业、创业的能动性，激发学生不断进取的欲望，为设计教学提供了一个开放与发展的教学载体。笔者仅以上述文字与本系列教材的作者、读者商榷与共勉。

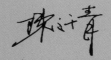

全国艺术专业学位研究生教育指导委员会委员

全国工程硕士专业学位教指委工业设计协作组副组长

上海视觉艺术学院副院长 / 二级教授 / 博士生导师

2014 年 8 月

前言
FOREWORD

环境艺术设计本是一门边缘学科，在科技突飞猛进发展的当代社会，环境艺术设计被赋予了很大的责任。环境艺术设计包括室内设计和景观设计两个方面，无论是室内设计还是景观设计，不仅是对现有环境的认识和优化，而且还调节着人与环境之间的关系；对人们未来的理想生活做出规划；同时，表达了人们内心的情感。如果说，在过去漫长的人类历史发展长河中，科技与文化的作用较为直接，那么，当代科技和文化在相当大的程度上通过设计而相互影响。

随着中国的环境艺术设计逐步走向成熟，越来越多的有识之士开始思考环境设计的深层内容，研究如何通过设计保持环境的永续发展以及如何在设计中更好地体现多样的文化内涵，如民族性、地域性、艺术性等。室内设计中的居住空间设计应着重关注空间的合理划分、材料的合理利用以及居住空间的可持续发展等。总体来说，居住空间设计与其他类型空间设计相比，空间小但内容多，居住空间环境与人们的日常生活密切相关，对人们的生活水平的提高有着举足轻重的作用。

国内绝大部分的设计院校都将居住空间设计作为环境艺术设计专业的入门课程，这说明其在专业教育中的地位显得非常重要。在编者的实际教学工作中，发现学生对于设计的理解，往往比较热衷于表面的形式，而忽视了设计中更为本质的内涵。本书以居住空间设计方法与案例分析为重点，对于学生今后的设计项目有实际指导意义。希望本书可以激发学生对居住空间设计的学习兴趣，并且能在一定程度上解决学生在学习过程中的疑难问题。

全书分为六个章节。第一、二章主要由雷鸣老师编写，第四、五章主要由赖莉莉老师编写，第三、六章主要由李微微老师编写。书中的图片大部分来自作者平时积累的资料和实际项目的设计图稿，还有一些来源于网络图片和国外的设计书籍。

特别感谢武汉工商学院艺术与设计学院副院长王海文和湖北工业大学艺术与设计学院许开强院长，他们在编写过程中提供了宝贵的建议，对于本书的品质起到了保障作用。同时，感谢广东居众装饰设计的资深设计师朱明海和湖北今泰装饰设计公司的张婷婷为本书提供的工程案例分析图纸，以及各位参编作者在写书过程中给予的相关建议。

本书可作为高等院校、高职高专、自学考试室内设计专业教材，同时还可以作为从事家庭装饰装修设计者的业务参考书。本书涉及的内容较多，由于我们的学识所限，加之时间仓促，书中难免存在疏漏和不当之处，能够得到专家和读者的批评指正，我们将不胜感谢。

李微微　雷鸣　赖莉莉
2014 年 10 月 18 日

目录
contents

第一章　居住空间设计总论

教学目标：

通过本章的学习，对居住空间设计的概念、分类，室内设计的风格和发展趋势，人体工程学以及居住空间设计程序与方法等基础知识有一定的认识，为后续的学习打下坚实的基础。

教学内容：

1. 居住空间设计概论
2. 居住空间的设计要素
3. 居住空间设计的风格流派与发展趋势
4. 人体工程学与居住空间
5. 居住空间设计程序与方法

教学重点：

掌握居住空间设计的风格流派和发展趋势以及居住空间设计的程序与方法。

居住空间设计是人们根据住宅室内空间的功能需求，运用物质技术手段，创造出舒适优美、适合于人居住的住宅环境而进行的空间创造活动。居住空间设计讲究实用功能与艺术审美相结合，创造出满足人们物质和精神生活需求的居住环境是居住空间设计的目的。

第一节　居住空间设计概论

一、居住空间设计的概念和特点

现代居住空间设计是综合的室内环境设计，是一门集感性和理性于一体的学科。它不仅要分析好空间体量、人体工程学、家具尺寸、人流路线、建筑结构和工艺材料等理性数据，也要规划好风格定位、喜好趋向、个性追求等感性心理需求。居住空间设计具有以下特点：

1. 居住空间设计强调"以人为本"的设计宗旨

居住空间设计的主要服务对象是人。人是能动的，与环境是一种互动关系，良好的环境可以促进人的发展。以人为本的设计就是要重视人的需要，以人为中心和根本来进行设计，目的就是创造舒适美观的室内环境，满足人们多元化的物质和精神需求，确保人们在室内的安全和身心健康。

2. 居住空间设计是艺术与工程技术的结合

居住空间设计强调艺术创造和工程技术的相互渗透与结合。艺术创造主要解决审美的问题，它要求运用各种艺术表现手法，创造出具有表现力和感染力的室内空间形象，达到最佳的视觉效果。工程技术主要解决设计实施的问题，它是将设计构思转化为实物的过程，对居住空间设计的发展起了积极的推动作用。同时，新材料、新工艺的不断涌现和更新，也为居住空间设计提供了无穷的设计素材和灵感。

3. 居住空间设计是一门可持续发展的学科

居住空间设计的一个显著特点就是它对由于时间的推移而引起的室内功能的改变显得特别突出和敏感。当今社会生活节奏日益加快，室内的功能也趋于复杂和多变，装饰材料、室内设备的更新换代不断加快，室内设计的"无形折旧"更趋明显，人们对室内环境的审美也随着时间的推移而不断改变。这就要求设计师必须时刻站在时代的前沿，创造出具有时代特色和文化内涵的室内空间。（图1-1～图1-3）

图1-1 欧式卧室设计图

图1-2 现代主义风格客厅

图1-3 新中式风格餐厅

二 、居住空间的分类

现代社会急速发展，单一的居住空间类型不可能满足各种现实需求，加上不同的经济状况和客观环境条件的限制，居住空间呈现多元化的发展趋势。在现代众多的居住空间中，主要分为高档住宅、普通住宅、公寓式住宅、TOWNHOUSE、别墅等。

（一）按楼体高度分类，主要分为低层、多层、小高层、高层、超高层等。

1. 低层住宅

低层住宅主要是指（一户）独立式住宅、（二户）联立式住宅和（多户）联排式住宅。与多层和高层住宅相比，低层住宅最具有自然的亲和性（其往往设有住户专用庭院），适合儿童或老人的生活；住户间干扰少，有宜人的居住氛围。这种住宅虽然为居民所喜爱，但受到土地价格与利用效率、配套设施、规模、位置等客观条件的制约，在供应总量上有限。

2. 多层住宅

多层住宅主要是借助公共楼梯垂直交通，是一种最具有代表性的城市集合住宅。多层住宅的平面类型较多，基本类型有梯间式、走廊式和独立单元式。

3. 小高层住宅

一般而言，小高层住宅主要是指7~10层高的集合住宅。从高度上说具有多层住宅的氛围，但又是较低的高层住宅，故称为小高层。对于市场推出的这种小高层，似乎是走一条多层与高层的中间之道。这种小高层较之多层住宅有它自己的特点：（1）建筑容积率高于多层住宅，节约土地，房地产开发商的投资成本较多层住宅有所降低。（2）这种小高层住宅的建筑结构大多采用钢筋混凝土结构，从建筑结构的平面布置角度来看，则大多采用板式结构，在户型方面有较大的设计空间。（3）由于设计了电梯，楼层又不是很高，增加了居住的舒适感。但由于容积率的限制，与高层相比，小高层的价格一般比同区位的高层住宅高，这就要求开发商在提高品质方面花更大的心思。

4. 高层住宅

十层及十层以上的住宅，我们称之为高层住宅。高层住宅是城市化、工业现代化的产物，按它的外部体形可分为塔式、板式和墙式；按它的内部空间组合可分为单元式和走廊式。高层住宅一般设有电梯作为垂直交通工具，十二层及十二层以上的住宅，每栋楼设置电梯不应少于两台，其中应设置一台可容纳担架的电梯。

5. 超高层住宅

超高层住宅多为 30 层以上。超高层住宅的楼地面价最低，但其房价却不低。这是因为随着建筑高度的不断增加，其设计的方法理念和施工工艺较普通高层住宅和中、低层住宅会有很大的变化，需要考虑的因素会大大增加。例如，电梯的数量、消防设施、通风排烟设备和人员安全疏散设施会更加复杂，同时，其结构本身的抗震和荷载也会大大加强。另外，超高层建筑由于高度突出，多受人瞩目，因此在外墙面的装修上档次也较高，造成其成本很高。若建在市中心或景观较好的地区，虽然住户可欣赏到美景，但对整个地区来讲却不协调。因此，许多国家并不提倡多建超高层住宅。

（二）按房屋类型分类，主要分为普通单元式住宅、公寓式住宅、复式住宅、跃层式住宅、花园洋房式住宅、小户型住宅等。

1. 单元式住宅

单元式住宅是指在多层、高层楼房中的一种住宅建筑形式。通常每层楼面只有一个楼梯，住户由楼梯平台直接进入分户门，一般多层住宅每个楼梯可以安排 2 ～ 4 户。所以每个楼梯的控制面积又称为一个居住单元。

2. 公寓式住宅

公寓式住宅是区别于独院独户的西式别墅住宅而言的。公寓式住宅一般建筑在大城市里，多数为高层楼房，标准较高。每一层内有若干单户独用的套房，包括卧房、起居室、客厅、浴室、厕所、厨房、阳台等等。有的附设于旅馆酒店之内，供一些常常往来的中外客商及其家属中短期租用。

3. 花园式住宅

花园式住宅一般称西式洋房或小洋楼，也称花园别墅。一般都是带有花园草坪和车库的独院式平房或二、三层小楼，建筑密度很低，内部居住功能完备，装修豪华并富有变化。住宅内水、电、暖供给一应俱全，户外道路、通信、购物、绿化也都有较高的标准，一般是高收入者购买。（图 1-4）

图 1-4 花园住宅

4. 跃层式住宅

跃层式住宅是指住宅占有上下两个楼面，卧室、起居室、客厅、卫生间、厨房及其他辅助空间用户可以分层布置，上下层之间不通过公共楼梯而采用户内独用小楼梯连接。

5. 复式住宅

复式住宅一般是指每户住宅在较高的楼层中增建一个夹层，其下层供起居用，如炊事、进餐、洗浴等；上层供休息睡眠和贮藏用。

6. 智能化住宅

智能化住宅是指将各种家用自动化设备、电器设备、计算机及网络系统与建筑技术和艺术有机结合，以获得一种居住安全、环境健康、经济合理、生活便利、服务周到的感觉，使人感到温馨舒适，并能激发人的创造性的住宅型建筑物。一般认为具备下列四种功能的住宅为智能化住宅：（1）安全防卫自动化；（2）身体保健自动化；（3）家务劳动自动化；（4）文化、娱乐、信息自动化。

三、居住空间设计原则

居住建筑空间设计要体现"以人为本，亦情亦理"的设计理念，针对不同家庭人口构成、职业性质、文化生活、业余爱好和个人生活情趣等特点，设计具有特色和个性的居家环境。具体设计时应遵循"安全、健康、适用、美观"的原则。

图1-5 材料的安全性

1. 安全

近年来在各地因装修而引起的住宅安全危害的投诉案例日益上升，这不能不引起广大业主和从业人员的高度警惕。造成这一现象的原因主要是：从业人员的素质不够，缺乏建筑结构知识，且业主片面追求装修效果，或为了扩大一点使用面积随意推、打墙体，最终酿成大祸。因此，居住空间设计首先要以安全为前提。（图1-5）

2. 健康

健康是指所有装修都应有利于人们的身心健康。装饰材料的污染、刺眼的照明、过多的色彩、杂乱的陈设，造成人们视觉超负荷，通风不畅、缺少日照等都将不利于身心。

3. 适用

适用是指空间的使用让居住者感到舒适，确切地讲，包含以下几个方面的内容：

(1) 功能布局的合理。如公共活动区域和私密空间在位置上做到动与静分区、内与外关系明确。

(2) 装饰用材恰当。应充分了解不同装饰材料的性能，解决好保温、隔热、隔声等问题。

(3) 设施配置适用、合理，尽量做到科学化、现代化。

4. 美观

美观是指室内设计元素在设计风格、文化内涵、品位气质等方面引起的视觉愉悦。从总体上讲，家庭装饰应创造一个休闲、宁静的环境氛围。其风格的定位应有别于公共娱乐场所及宾馆、公共餐饮等场所。在装饰造型的浓重与淡雅、光照和色彩配置和适用以及装饰材料、家具陈设等方面，其设计手法、设计语言都应有较大的差异。当今都市生活节奏加快，交通噪声烦杂，因此，家居设计更宜于营造清新、明快、简洁、淡雅的室内氛围。（图1-6）

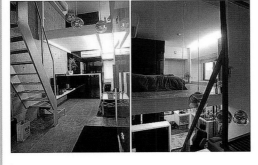

图1-6 居室的美观

第二节　居住空间的设计要素

一、空间及审美

建筑大师莱特说过："真正的建筑并非在它的四面墙，而是存在于里面的空间，那个真正住用的空间。"这个空间就是我们日常生活和活动的建筑室内空间，但除了建筑室内空间，在我们周围还存在一些非建筑的内部空间，比如各种交通工具的内部空间：飞机的机舱、火车的车厢等，这些空间都是一些有着特定的条件和功能要求的特殊环境，往往也是需要我们设计师关注的。

人们的大部分时间生活在室内这个特殊的空间环境中，这个环境与人的关系也最为密切。建筑室内环境，其实质是人的各种生活和工作活动场所所要求的理想空间环境。从科学技术方面看，如果到没有空调设施和光照适宜的地下车站，这和进入黑暗的洞窟没有什么差别。同样，到没有经过艺术处理的室内居室环境中，也不可能使人产生美感和舒适感，所以室内环境设计应满足人的生理功能及心理功能两方面的要求。

室内空间是通过一定形式的界面围合而表现出来的，但并非有了建筑内容就能自然生长、产生出来，功能也绝不会自动产生形式，形式是靠人类的形象思维产生的，同样的内容也并非只有一种形式才能表达，而人的形象思维和本身的审美心理有着密切的关系。

人对空间的审美感知主要是通过空间所处的环境气氛、造型风格和象征涵义决定的。它给人以情感意识、知觉感受和联想。人们赖以生存和活动的空间环境，无论是卧室、起居室、广场，人置身于其间，必然受到环境气氛和空间的感染而产生种种审美的反应，而尺度和比例是空间构成形式的重要因素。（图 1-7、图 1-8）

图 1-7

图 1-8

二、居住空间的形态

不同的空间给人的感受各不相同，室内空间的形态就是室内空间的各界面所限定的范围，而空间感受则是所限定的空间给人的心理、生理上的感觉。

1. 矩形室内空间

矩形室内空间是一种最常见的空间形式，很容易与建筑结构形式协调，平面具有较强的单一方向性，立面无方向感，是一个较稳定空间，属于相对静态和良好的滞留空间。

2. 折线形室内空间

平面为三角形、六边形及多边形空间，如三角形空间，平面为三角形的空间具有向外扩张之势，立面上的三角形具有上升感；平面上的六边形空间具有一定的向心感等。

3. 圆拱形空间

圆拱形空间常见有两种形态：一种是矩形平面拱形顶，水平方向性较强，剖面的拱形顶具有向心流动性；另一种平面为圆形，顶面也为圆弧形，有稳定的向心性，给人以收缩、安全、集中的感觉。

4. 自由形空间

自由形空间多变而不稳定，自由而复杂，有一定的特殊性和艺术感染力。

三、居住空间的色彩

色彩设计是居住空间设计中最为生动、最为活跃的因素，室内色彩往往给人们留下室内环境的第一印象。色彩最具表现力，通过人们的视觉感受产生的生理、心理和类似物理的效应，形成丰富的联想、深刻的寓意和象征。

1. 室内色彩的心理效应

在室内设计中，色彩可以改变空间的大小，这并不是说空间的真实大小会有变化，而是色彩改变了人们的空间视觉感受，它能使人们的心理有得到或失去几个平方米的感受。（图1-9、图1-10）

图1-9　白色简约居住空间　　　　图1-10　暖色系居住空间

（1）色彩的进退感

彩度高、明度低的色彩看上去有向前的感觉，被人们称为前进色；反之，那些彩度低、明度高的色彩被人们称为后退色。

（2）色彩的轻重感

深色给人感觉沉重，有下坠感；浅色形成轻盈的上升感，被人称为轻色。

（3）色彩的扩张感和收缩感

暖色刺激视网膜，使人们对其做出夸大的判断，看上去会比实际显得大；反之，冷色就会使物体形体减小，显得有收缩感。在同样的灰色背景下，白色有扩张感，黑色有收缩感。

2. 室内色彩设计的基本要求

在进行室内色彩设计时，应了解和色彩密切联系的问题：

（1）空间的使用目的；

（2）空间的大小、形式；

（3）空间的方位、朝向；

（4）空间使用的人的类别；

（5）使用者在空间内的活动及使用时间的长短；

（6）该空间所处的周围情况；

（7）使用者对于色彩的偏爱。

3. 室内色彩的分类

室内色彩通常的分类方法是按照室内色彩的面积和重点程度来分，大体可以分为背景色、主体色、点缀色三类。

这三者之间，背景色作为室内的基色调，提供给所有色彩一个舞台背景（虽有时也将某些墙面和顶棚处理成主体色），但它必须合乎室内的功能。经常选用低纯度、含灰度成分较高的色，可增加空间的稳定感。主体色是室内色彩的主旋律，它体现了室内的性格，决定了环境气氛，创造了意境，一方面它受背景色的衬托，另一方面它又与背景色一起成为点缀色的衬托。在小的房间中，主体色与背景色相似，融为一体，使得房间看上去大点；若是大房间，则可选用背景色的对比色，使主体色与点缀色同处一个色彩层次，突出其效果，以改善大房间的空旷感。点缀色作为最后协调色彩关系的中间色也是必不可少的，不少成功的案例都得益于点缀色的巧妙穿插，使色彩组合增加了层次，丰富了对比。

一般来说，室内色彩设计的重点在于主体色，主体色与背景色的搭配要在协调中有些变化，统一中有所对比，才能成为视觉中心。通常这三者的配色步骤是由最大面积开始，由大到小依次着手确定。

4. 室内色彩的设计方法

（1）色彩的协调问题

室内色彩设计的根本问题是配色问题，这是室内色彩效果优劣的关键。色彩效果取决于不同颜色之间的相互关系，同一颜色在不同的背景条件下，其色彩效果可以迥然不同，这是色彩所特有的敏感性和依存性。因此，如何处理好色彩之间的协调关系，就成为配色的关键问题。

（2）室内色调的搭配（图 1-11～ 图 1-16）

在居住空间的色彩设计中，可以根据居住者的喜好，采用以下方法进行色彩的搭配。

①单色调；　　　　　　⑤双重互补色调；

②相似色调；　　　　　　⑥三色对比色调；

③互补色调；　　　　　　⑦无彩色调。

④分离互补色调；

图 1-11

图 1-12

图 1-13

图 1-14

图 1-15

图 1-16

四、居住空间的采光与照明

良好的通风和采光为人们提供了健康、舒适的室内空间环境。在自然采光不能满足各种居住活动需要和更好地营造空间艺术氛围的情况下，人工照明设计成为居住空间设计的重要内容。经研究发现，在阳光充足的空间，儿童显得活泼机灵；让精神自闭症者生活在阳光较为充足的地方，其自闭行为会减少一半，而且能增加许多与人们交流互动的行为。在日光灯中加入类似太阳光的紫外线，对人体的健康有益处；照明不足会造成视觉疲劳、头痛、反胃、忧郁等行为反应。

1. 照明的种类

（1）基础照明

基础照明是安装在天花中央的吸顶灯、吊灯或带状格栅的荧光灯等光源，照亮大范围的空间环境的一般照明，照明要求明亮、舒适、照度均匀、无眩光等，也称作全局照明。照明方式不仅采用直接照明方式，也可采用间接方式。在天花和墙间设置光线向下照射的称为檐口照明；采用立柱形落地灯光线向上照射的称为反射式间接照明等。

（2）局部照明

局部照明是在基础照明提供的全面照度上对需要较高照度的局部工作活动区域增加一系列的照明，如梳妆台、厨具、书桌、床头等，有时也称为工作照明。为了获得轻松而舒适的照明环境，使用局部照明时，要有足够的光线和合适的位置并避免眩光，活动区域和周围亮度比应保持在 3:1 的比例，不宜产生强烈的对比。

（3）重点照明

在居住空间环境中，根据设计需要对绘画、照片、雕塑和绿化等局部空间进行集中的光线照射，使之增加立体感或色彩鲜艳度，重点部位更加醒目的照明称为重点照明。重点照明常采用白炽灯、金属卤化物灯或低压卤钨灯、壁灯等安装在远离墙壁的顶棚、墙、家具上，保持与基础照明照度为 5:1 的比例，并形成独立的照明装置。对立面进行重点照明时，从照明装置至被照目标的中央点需要维持 30 度角，以避免物体反射眩光。

（4）装饰照明

装饰照明是利用照明装置的多样装饰效果特色，增加空间环境的韵味和活力，并形成各种环境气氛和意境。装饰照明不只是纯粹装饰性作用，也可以兼顾功能性，要考虑灯具的造型、色彩、尺度、安装位置和艺术效果等，并注意节能。在居住空间环境中，节能的照明设计体现了降低生活成本的经济理念，被广泛采用的紧凑型荧光灯的效率是白炽灯的 4~5 倍，适当使用调光器可以灵活地调节灯光，电子镇流器可节能 15% 左右。

2. 灯具照明方式

灯具照明方式分为直接照明、半直接照明、漫反射照明、半间接照明及间接照明 5 种。（图 1-17）

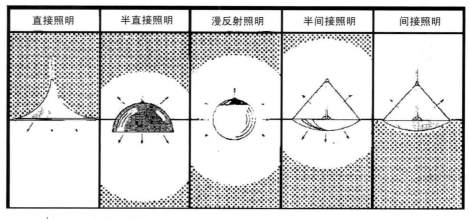

直接照明	半直接照明	漫反射照明	半间接照明	间接照明

图 1-17 灯具照明方式

直接照明是指灯管上加不透明灯罩，光束全部向下射出，光照不均匀，室内有强弱光线区域。

半直接照明是指灯管上加透明灯罩，有部分光束向下投射，余光向其他方向照射，光线均匀，光调统一。

漫反射照明是指灯具吊于天顶，上加半透明封闭灯罩，使光束不直接放射而是均匀地折射而出，漫射向空间，光线散漫、柔和。

半间接照明是指灯具吊于天顶，发光正面部分受阻，光束大部分射向上部及周围墙面，光度弱，而光照区域内光线基本均匀。

间接照明是指灯具吊于天顶，发光正面部分被遮挡，光束反射向上部，再从四周折射下来，光线柔和统一。

3. 灯具布局

（1）客厅灯烘托家庭焦点部位

客厅中的活动很多，是家庭的焦点部位，主要包括会客、聊天、听音乐、看电视与阅读等，为此照明方式也应多种多样。亲朋好友相聚，以看清客人的表情为宜，一般采用顶部照明。

如果室内高度比较矮（2.6 米左右），建议最好选用吸顶灯；如果客厅高大，最好选用吊灯。听音乐、看电视时，以柔和的效果为佳，建议采用落地灯与台灯做局部照明，在电视机后方安置一盏台灯，或者利用灯投射在电视机后方的光线，以减轻视觉的明暗反差；享受读书的乐趣时，选择能提供集中、柔和的光线并易于调节高度和角度的落地灯或台灯；客厅中的各种挂画、盆景、雕塑以及收集的艺术品等可选用卤素光源轨道灯或石英灯集中照明，以强调细部和趣味点，突出品位与个性。（图 1-18）

图 1-18

（2）餐厅灯增添温馨浪漫情调

餐厅灯的选择应在于将人们的注意力集中到餐桌上，光源宜采用向下直接照射配光的暖色调吊线灯，安装在餐桌上方 0.8 米左右处，如果能够自由升降更佳。若是受空间限制，餐桌应位于墙边，并采用小巧的壁灯配以顶部筒灯，可为餐厅增添温馨浪漫的情调。（图 1-19）

（3）卧室灯营造私密空间

卧室灯的选择是以总照明的主要光源为主，再配以装饰性照明和重点照明来营造空间气氛。一般我们可用一盏吸顶灯作为主光源，再设置壁灯、小型射灯或者发光灯槽、筒灯等作为装饰性或重点性照明，以降低室内光线的明暗反差。如果我们有在床上看书的习惯，建议在床头直接安放一盏可调光型的台灯，灯具内安装节能灯或冷光卤素灯，可避免眼睛疲劳。（图 1-20~ 图 1-22）

图 1-19 餐厅的长杆吊灯　　　图 1-20　　　　　　　　图 1-21　　　　　　图 1-22

（4）厨卫灯健康实用

　　厨房灯具的选择应以功能性为主。顶部中央装一盏嵌入式吸顶灯具或防水防尘的吸顶灯，以突出厨房的明净感。在做精细复杂的家务时，如配菜、做菜，最好在工作区设置局部照明灯具，如在吊柜的下方安装天花射灯或荧光灯管，有些抽油烟机自带有照明灯具。

　　洗手间与浴室中安装的主照明灯具可以是防水防尘的吸顶灯或嵌灯，光源色温应选择冷色调。镜前灯要能防水、可调角度，方便洗漱及化妆。（表1-1）

表1-1　住宅照明的照度（白炽灯）推荐值（lx）

场所或作业类别		照度标准值（lx）	照明灯具	白炽灯容量（W）
起居室	一般活动	30～50～75	下射灯、吸顶灯、壁灯	40～60（吊灯）
	看电视	10～15～20		15（吊灯）
	书写、阅读	150～200～300		60～100（台灯）
卧室	一般活动	20～50	吸顶灯、壁灯、台灯	60（吊灯）
	床头阅读	75～100～150		100～150
	化妆	200～300～500		（台灯）
书房	书写，阅读	150～200～300	吸顶灯、台灯	100～150（台灯）
儿童房	一般活动	30～50	壁灯、台灯	60（吊灯）
	书写、阅读	150～200～300		
餐室	一般活动	30～50～75	白炽灯	40～60（吊灯）
	餐桌面	50～70～100		60～100（吊灯）
厨房		50～70～100	下射灯、吸顶灯	60～100（吸顶灯）
卫生间	一般卫生间	20～50	吸顶灯、防水灯	25（吸顶灯）
	洗澡、化妆	50～100～150		40～60（壁灯）
楼梯间及走廊		15～30	下射灯、吸顶灯	25（吸顶灯）

第三节　居住空间设计的风格流派与发展趋势

一、现代住宅的室内风格

1. 功能主义风格

强调功能和实用性，布局结构合理，室内环境统一、简洁——"玻璃盒子加白墙的设计"。

2. "波普"艺术风格

追求丰富和夸张的手法，装饰富于戏剧性，强调充分使用现代照明技术，多用反光灯槽和反射板面，造成室内特殊的光学效果和奇特的环境气氛。

3. 超现实风格

强调精神上超脱现实，在有限的室内空间中充分运用现代抽象绘画、雕塑，利用各种手段企图创造出现实世界不存在的环境，创造神秘的环境氛围。

4. 现代材料唯美主义风格

大量使用现代材料，试图以具有反光和光泽较强的材料（不锈钢、镜面玻璃、磨光大理石、光面铝材等）达到现代美的效果，甚至顶面也使用反光材料，造成一种豪华、刺激的效果。（图 1-23）

5. 欧陆风格

强调温文尔雅、绅士风度，是一种古老与现代的结合；用装饰材料包装柱子，门、窗上半部做成半圆状，顶棚白色，墙多数为黄灰色，多用造型别致的布艺；整个室内空间色彩淡雅、布局明朗、气氛自由、色彩艳丽。

6. 自然风格

（1）回归自然风格

强调大自然的美，主张回归自然，采用天然材料，充分发挥天然材料的质感、色彩和肌理，创造自然美的意境。

（2）乡土气息风格

强调返璞归真，以乡土味十足的地方道具、装饰品为特色营造乡土氛围，创造出一股清纯的乡土风格室内环境，体现乡情、乡韵。（图 1-24、图 1-25）

图 1-23 现代材料　　　　图 1-24 美式乡村风格　　　　图 1-25 美式乡村风格

二、室内设计流派

1. 光亮派

也称银色派，室内设计中夸耀新型材料及现代加工工艺的精密细致及光亮效果，往往在室内大量采用镜面及曲面玻璃、不锈钢、磨光的花岗石和大理石等作为装饰面材。在室内环境的照明方面，常使用投射、折射等各类新型光源和灯具，在金属和镜面材料的烘托下，形成光彩照人、绚丽夺目的室内环境。（图1-26）

2. 白色派

白色派的居室朴实无华，室内各界面以至于家具等常以白色为基调，简洁明确，且综合考虑室内活动的人以及透过门窗可见的变化的室外景物。（图1-27）

3. 风格派

风格派的居室设计，在色彩及造型方面都具有极为鲜明的特征与个性。建筑与室内常以几何方块为基础，对建筑室内外空间采用内部空间与外部空间穿插统一构成为一体的手法，并以屋顶、墙面的凹凸和强烈的色彩对块体进行强调。他们对室内装饰和家具经常采用几何形体以及红、黄、蓝三原色或以黑、灰、白等色彩相配置。（图1-28）

4. 新洛可可派

新洛可可继承了洛可可繁复的装饰特点，但装饰造型的"载体"和加工技术却运用现代新型装饰材料和现代工艺手段，从而具有华丽而略显浪漫、传统中仍不失有时代气息的装饰氛围。

图 1-26 光亮派

图 1-27 白色派

图 1-28 风格派国际公馆

5. 超现实派

超现实派追求所谓超越现实的艺术效果，在室内布置中常采用异常的空间组织，曲面或具有流动弧形线型的界面，浓重的色彩，变幻莫测的光影，造型奇特的家具与设备，有时还以现代绘画或雕塑来烘托超现实的室内环境气氛。

6. 解构主义派

解构主义是 20 世纪 60 年代，以法国哲学家 J. 德里达为代表所提出的哲学观念，是对 20 世纪前期欧美盛行的结构主义和理论思想传统的质疑和批判。建筑和室内设计中的解构主义派对传统古典、构图规律等均采取否定的态度，强调不受历史文化和传统理性的约束，是一种貌似结构构成解体，突破传统形式构图，用材粗放的流派。

7. 高技派

高技派或称重技派，突出当代工业技术成就，并在建筑形体和室内环境设计中加以炫耀，崇尚"机械美"，在室内暴露梁板、网架等结构构件以及风管、线缆等各种设备和管道。

8. 装饰艺术派

装饰艺术派起源于 20 世纪 20 年代法国巴黎召开的一次装饰艺术与现代工业国际博览会，后传至美国等各地，如美国早期兴建的一些摩天楼即采用这一流派的手法。装饰艺术派善于运用多层次的几何线型及图案，重点装饰于建筑内外门窗线脚、檐口及建筑腰线、顶角线等部位。

9. 孟菲斯派

20 世纪 70 年代意大利设计界产生了"阿尔奇米亚"工作室。他们反对单调，追求装饰艺术与设计功能的和谐统一，强调采用手工艺方法来制作作品。1981 年，以索特萨斯为首的一批设计师结成了"孟菲斯集团"，目标是对传统宣战，不相信设计计划完整性的缜密，寻求艺术上的创意设计，忽略室内家具的使用功能，其风格独特，出人意料，具有戏剧性的造型，给人留下深刻印象。

三、居住空间设计的未来发展

现代社会和科学技术的发展，使得人们的生活方式和需求出现新情况、新问题。居住空间设计的发展呈现许多趋势，我们可以从功能化、人性化、科学化和技术化四个基本方向，通过细致的分析把握设计的发展趋势。

1. 功能化

20 世纪初，一批具有社会民主思想的设计师提出现代设计的核心"设计是为大众"，即解决问题，满足大众基本生活需要，倡导功能是现代设计的主要内容。人们的生活方式直接决定了室内空间环境的使用功能，而现代人的居住空间面积大大少于从前。交谈、就餐、阅读等这些功能如何实现，成为设计师和使用者注意的焦点。许多室内空间和家具不再仅仅具有单一的使用功能。例如，在客厅可以就餐、阅读、睡眠、娱乐；通道兼做餐厅、厨房；卧室可以写字、娱乐、健身；书柜和折叠书桌结合，床具有收藏功能，可折叠的沙发床等。

2. 个性化

（1）崇尚个性风格

个性化的居住空间设计应该充分考虑使用者的兴趣爱好、职业、年龄、生活方式等因素，合理利用材料、家具、陈设、绿化和设备等物质，创造不同形态和内涵的居住环境。

（2）注重文化和艺术内涵

从设计角度看，恰当的表达文化内涵需要设计师具有认同历史和文化的心态，并具有一定的认识深度和娴熟的形式把握能力。正如个人设计风格的形成需要设计师长时间的经验积累，民族文化的设计风格也是长时间发展的结果，而不是简单的形式象征符号的堆砌。

（3）无障碍设计

残障人在总人口中所占比重很大，这其中不包括一些儿童和老年人，重视提供残障人良好的无障碍生活环境是文明社会的重要标志。虽然残障人身体残疾的部位和轻重不尽相同，但标准的空间环境都会对残疾人造成障碍，而有的障碍在最初设计时是可以避免的。

3. 科学化

（1）经济意识

在很多情况下，居住空间环境可以通过合理设计，节约空间建设的成本。例如：色彩的合理运用容易吸引注意，又比木做造型成本低；直线造型比曲线造型制作方便等。

（2）可持续发展

随着对环境的深入认识，人们意识到环境保护并非只是使用无毒、无污染的装修材料那么简单，使用节能绿色电器设备和可循环利用的材料，减少浪费不可再生资源以及再利用旧建筑空间等都降低了对自身生存环境的破坏，同时，也对提高下一代的环保意识起到促进作用。在居住空间内部环境中，采用家具、陈设和绿化的组合远比墙体更容易灵活地划分空间，且可持续变化的空间能够引导使用者积极参与设计，令居室具有更持久的生命力。

4. 技术化

（1）规范化生产

大规模工业化的社会生产创造了丰富的物质文明。从建造空间、墙体到室内装修材料、家具、设备和饰物都有一定的生产标准，这加速了室内空间环境呈模块化、规范化的发展趋势。

现代设计是社会经济活动的重要环节，高效率、低成本的工业化生产原则引入设计领域，使得设计工作的分工协作更为明确。方案设计、效果图制作、施工图制作、施工协调等不同工种之间加强协调和配套。这也要求设计师具有更高的专业能力和团队协作精神。

（2）科技运用

随着社会的发展，新科学技术从发明到实践运用的周期越来越短。节能、环保、自动、智能这些生活理念与其结合后，新材料、新电器设备、新施工技术的不断出现，使得居住空间环境的科技含量大为增加，并延伸到空间环境各方面的功能，满足了人们越来越高和复杂多变的需求。

智能化是高度的自动化，家居空间智能化是把各种材料、设备等要素进行综合优化，使其发挥多功能、高效益和高舒适的居住运营模式。智能化布线可以提供网络、电话、电视盒音频的即插即用，避免重复投资；先进的安保监视系统可以随时监控室内空间环境，并在火灾、煤气泄漏及被盗时，可以自动报警；自动控制系统可远程网络自动控制照明、冰箱、空调等家电设备。

第四节　人体工程学与居住空间

人体工程学在居住空间中的体现，主要是以人为主体，运用人体计测，生理、心理计测等手段和方法，研究人体结构功能、心理、力学等方面与室内环境之间的合理协调关系，以适合人的身心活动要求，取得最佳的使用效能，其目标应是安全、健康、高效能和舒适，最终实现人与室内环境和设施的相互和谐。

要创造这样一种和谐的环境，我们需要采用科学的手段来设计。人体工程学在室内设计中的应用主要包括人体尺度和人类生理、心理的应用三个方面，在空间设计方面体现为：

（1）行为空间：满足人们行为活动所需要的空间。

（2）生理空间：在生理上满足人们需要的空间，如视觉上的空间要求。

（3）心理空间：在心理上满足人们需要的空间，包括亲密距离、个人距离、社交距离和公共距离。

一、室内人体工程学

室内人体工程学就是要创造人在室内空间中活动的最佳适应区域，创造符合人的生理和心理尺度要求的各种生活用具，创造最佳听觉、视觉、触觉等条件，满足人的生理以及心理的合理性要求，达到舒适的目的。

居住空间设计中最基本的人机问题就是尺度。为了进一步合理地确定空间的造型尺度，操作者的作业空间、动作姿势等，必须对人体尺度、运动范围、活动轨迹等尺度参数有所了解和掌握。（图1-29~图1-31）

人在不同的室内空间进行各种类型的工作和生活，从中产生的工作和生活活动范围的大小，就是动作范围，称为动作域。它是确定室内空间尺度的主要根据之一。

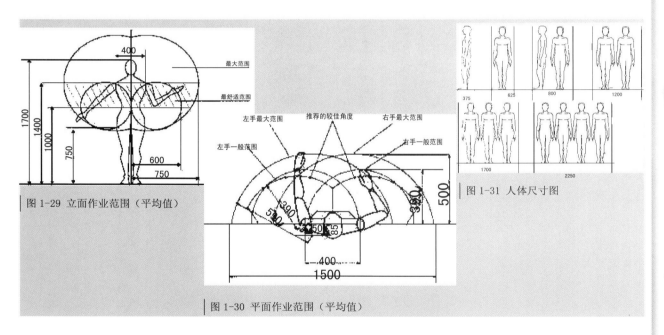

图1-29 立面作业范围（平均值）

图1-30 平面作业范围（平均值）

图1-31 人体尺寸图

二、家居设计中人体工程学的应用

以人为中心的设计理念日益成为各设计部门的工作指导方针，使人体工程学这一学科在室内设计中的应用越来越广泛，其主要作用表现在以下四个方面：

（1）确定人在室内活动空间范围的主要参数依据。

（2）确定室内环境及用具形态尺度的主要依据。

（3）提供室内物理环境适应人体的最佳参数。

（4）对室内环境设计提供最佳美学的科学依据。

三、各居室空间的人体尺度

家具设施为人所使用，因此它们的形体、尺寸必须以人体尺度为主要依据。同时，为了人们使用方便，在家具尺寸设计时，首先要确定人与人之间在室内活动所需的空间范围，其次要确定家具、设施的形体、尺寸及其使用范围。

1. 起居室

起居室的家具主要有沙发、茶几、电视柜等，次要的有一些装饰性的家具及设备、陈设等。起居室的一般特点：面积比较大；在平面中央靠近外门处；和各房间联系方便。

（1）沙发

起居室沙发等座椅多为软体类家具，其尺寸总长：单人 800~1100mm，双人 1300~1700mm，三人 1800~2200mm；总宽：800~1000mm；总高：800~1200mm，其中座高 350~400mm。

（2）茶几

茶几高度在 450~600mm 范围内，茶几的平面形状及长、宽尺寸可任意确定。

（3）电视柜

电视柜的长度可根据电视尺寸或背景墙形式来确定；宽度约 550~600mm；高度应保证屏幕中心位于自然视线附近，一般为 300~600mm。

（4）人眼至电视屏幕距离

此距离通常应不小于屏幕尺寸 5 倍的距离，最小不小于 2.5 米。（图 1-32）

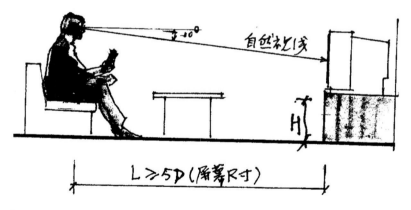

图 1-32

2. 厨房

（1）厨房是居住空间的重要组成部分，通常与餐厅、起居室紧密相连，有的还与阳台相连。

（2）通常，厨房应靠近主要出入口。

（3）厨房的布置及家具的设计需要满足使用功能。

（4）厨房的家具、设备主要有案台和吊柜，以及厨房设备，如燃气灶、排烟机、水槽、冰箱等。厨房家具可以是固定的，也可以是活动的。（图 1-33、图 1-34）

①案台长度可根据实际情况而定；宽度约 500~600mm；高度约 780~800mm。

②吊柜长度可任意；宽度一般不小于 300mm，但应小于案台宽度；高度可根据室高而定。吊柜安装高度应大于 1400mm。

③通道及操作区：单人操作大于 900mm；双人操作应大于 1100mm。

图 1-33 厨房家具

图 1-34 厨房家具

图 1-35

图 1-36

3. 餐厅

（1）餐厅是家庭进餐的主要场所，也是宴请亲友的活动空间。

（2）一般住宅都应设置独立的进餐空间，若空间条件不具备时，也应在起居室或厨房设置一开放式半独立的用餐区。餐厅的家具主要有餐桌、餐椅，还应有酒柜、吊柜、冰箱等。（图 1-35、图 1-36）

①餐桌

餐桌高：720~780mm。

圆桌直径：一人 500mm，二人 800mm，四人 900mm，五人 1100mm，六人 1100~1250mm，八人 1300mm，十人 1500mm，十二人 1800mm。

方餐桌尺寸：二人 700mm×850mm，四人 1350mm×850mm，八人 2250mm×850mm。

②餐椅

一般是无扶手的靠背椅，餐椅高 450~500mm。

③酒柜

长度可根据具体设计而定，宽度 250~300mm 为宜，高度一般不超过 2000mm，其上部可做吊柜。

4. 卫生间

（1）每套住宅都应设置卫生间，面积大的住宅应设两个或两个以上。

（2）卫生间的功能为盥洗、洗浴、便溺和洗衣等；其形式可分为主卫、次卫等。

（3）卫生间最基本的要求：

合理地布置"三大件"，即：洗手盆、蹲（坐）便器、淋浴间。楼房通常都已安排"三大件"的位置，各样的排污管也是相应安置好的，一般不要轻易改动"三大件"的位置。（图 1-37、图 1-38）

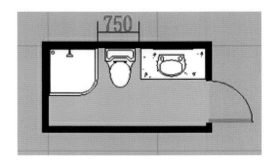

图 1-37 卫生间平面尺寸

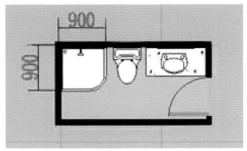

图 1-38 卫生间平面尺寸

（4）卫生间器具尺寸：

淋浴房：一般为 900mm×900mm、高度 2000mm。

抽水马桶：高度 680mm、宽度 380~480mm、进深 680~720mm。

浴缸长度：一般有 1220mm、1520mm、1680mm 三种；宽度：720mm；高度：450mm。

坐便：750mm×350mm。

盥洗台：宽度为 550~650mm，高度为 850mm，盥洗台与浴缸之间应留约 750mm 宽的通道。

淋浴器高：2100mm。

冲洗器：690mm×350mm。

化妆台：长 1350mm；宽 450mm。

5. 卧室

卧室家具（图 1-39）：

（1）衣橱。深度：一般 600~650mm；推拉门：700mm；衣橱门宽度：400~650mm。

（2）矮柜。深度：350~450mm；柜门宽度：300~600mm。

（3）单人床。宽度：900mm，1050mm，1200mm；长度：1800mm，1860mm，2000mm，2100mm。

（4）双人床。宽度：1350mm，1500mm，1800mm；长度 1800mm，1860mm，2000mm，2100mm。

（5）圆床。直径：1860mm，2125mm，2424mm（常用）。

（6）窗帘盒。高度：120~180mm；深度：单层布 120mm，双层布 160~180mm。

6. 书房

书房家具（图 1-40、图 1-41）：

图 1-39 居住空间各家具的尺度

图 1-40 书房家具　　　　图 1-41 书房家具

（1）书桌

固定式：深度 450~700mm（最佳 600mm），高度 750mm。

活动式：深度 650~800mm，高度 750~780mm。

书桌长度：最少 900mm（最佳 1500~1800mm）。

24

（2）书架

深度250~400mm（每一格），长度：600~1200mm；下大上小型下方深度350~450mm，高度800~900mm。

（3）书柜

高度1800mm，宽度1200~1500mm，深度450~500mm。

第五节　居住空间设计程序与方法

一、设计前期准备与条件分析

1. 理解和分析设计任务书

（1）设计任务书：是对设计内容的文字表述，对居住空间进行设计的指导性文件，是设计师进行设计的依据。

（2）项目内容：涉及设计师具体要进行设计工作的范围。

（3）项目要求：甲方对各个空间的具体要求和限定。

（4）设计周期：设计和施工时间的安排。

（5）设计成果与要求：设计说明、各房间平面及家具配置图，各房间、各剖立面设计图，顶平面设计图，电气设施（灯具、空调、电话、热水器、电视、电脑）配置平面图，必要的节点大样图，概算，若干室内透视图，材料、家具、灯具样本。

2. 调查研究

咨询业主：

（1）家庭人口构成（人数、成员之间关系、年龄、性别等）。

（2）民族和地区的传统特点和宗教信仰。

（3）职业特点、工作性质（如动、静、室内、室外、流动、固定等）和文化水平。

（4）业余爱好、生活方式、个性特征和生活习惯。

（5）经济水平和消费投向的分配情况等。

3. 勘测现场

对现场进行实地测量。

4. 查阅资料

（1）查阅与该设计项目有关的设计规范，以防在设计中出现违规现象。

（2）查阅相关设计案例，可以帮助拓宽眼界，启迪思路，借鉴手法。

（3）考察相关实例。

5. 条件分析

（1）分析建筑结构形式。

（2）分析建筑功能布局是否合理。

（3）分析室内空间的特征。

（4）分析各种管线在室内的走向及其占据空间的大小。

二、方案设计阶段

从平面设计开始，完善各功能布局，把重新测绘的平面图按照一定的比例进行绘制，再进行顶面、立面、剖面等细节图的设计及绘制。在方案设计时，可以从以下方面进行考虑：

1. 考虑空间的用途。

2. 考虑各空间之间的分隔方式。

3. 考虑各空间与空间之间的动线是否流畅。

4. 以人体工程学为基础，将各种家具、设备及储藏器具等，在各空间内做合理且适当的安排。

5. 考虑住宅自身条件，梁、柱、窗、空调位、空气对流性、采光及户外景观等，在整个平面规划上的相对关系。

6. 统盘构思平面、顶面、立面、剖面设计方案，方便与业主沟通讲解。

7. 装饰风格定位。

8. 色彩设计。

9. 照明设计。

10. 室内各界面以及家具、陈设等材质的选用。

三、方案实施阶段

1. 根据方案设计，完成施工图纸。施工图包含：制作方法、构造说明、详细尺寸、材料选用、表现处理。

2. 根据施工图纸进行施工制作，居住空间装修工程的主要内容：

（1）结构工程。

（2）装修过程。

（3）装饰工程。

（4）安装工程。

3. 施工监理阶段。施工中，需随时严格监督工程进度、材料规格、制作技法是否正确。如发现问题需随时纠正，涉及设计错误和制作困难的，应重新检查方案予以修正。

4. 验收。完工后根据合同验收。

第二章 居住空间的组织形式与界面设计

第一节 空间概述

一、空间概念

建筑赋予的空间与人的生活息息相关，在人类的生产生活中，室内空间作为建筑的主体与人的活动建立了紧密的相互联系。我们通常将建筑分成两部分，即建筑实体和建筑空间。建筑实体是指建筑的构造构成的实体，包括建筑本身的墙体结构、轮廓造型、细节装饰等，建筑的实体是以物质的形式而存在的。建筑空间是指建筑实体的限定与围合产生的空间，形态是实体存在的界定结果。因此，空间是建筑的主体，室内空间设计是对建筑空间的再创造。

当我们进入室内，就会感觉到被建筑空间围护着。这种感觉来自于周围的室内空间的墙壁、地板和天花板限定的界面。它们围护空间，连接空间界限。它们的形态、构造与窗户的形式以及门的开洞位置还赋予室内空间以空间的建筑品质。大厅、餐厅、书房、卧室和壁橱等空间的组合不仅具有空间的大小，而且还具有其尺度、比例、采光质量、围护结构的性质和它与邻近空间的关系。（图2-1、图2-2）

二、室内空间的分类

室内空间的各式各样的类型取决于人们对丰富多彩的物质和精神的需要。随着科技发展和人们的审美需求意识的不断求新和开拓，必然还会推新其他多样化形式的室内空间。这是我们探讨室内设计空间变化的突破口。

建筑空间有内外空间的区分，室内空间可分为固定空间和可变空间两大类。固定空间是由建筑墙、顶、地围合而形成的室内主空间。在固定空间内用隔断、隔墙、家具、绿化、水体等来进行再次空间划分，形成不同的空间，这就是可变空间，即次空间。对空间类型运用不同划分的方法，可以使人获得不同的空间需求，并获得其不同的心理的感受。

1. 固定空间和可变空间

固定空间常是一种经过深思熟虑的使用不变、功能明确、位置固定的空间，因此可以用固定不变的界面围隔而成。如美国 A. 格罗斯曼住宅平面，以厨房、洗衣房、浴室为核心，作为固定空间，尽端为卧室，通过较长的走廊，加强了私密性。在住宅的另一端，以不到顶的大储藏室隔断，分隔出学习室、起居室和餐室。（图 2-3）

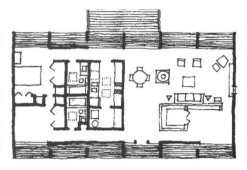

图 2-1 起居室设计　　　　　　　图 2-2 卧室设计　　　　　　　图 2-3 A.格罗斯曼住宅平面

可变空间则与此相反，为了能适合不同使用功能的需要而改变其空间形式，因此常采用灵活可变的分隔方式，如折叠门、可开可闭的隔断，以及影剧院中的升降舞台、活动墙面、天棚等。（图 2-4、图 2-5）

图 2-4 可变空间　　　　　　　　　　　　　　图 2-5 可变空间

2. 静态空间和动态空间

静态空间一般来说形式比较稳定，常采用对称式和垂直水平界面处理。空间比较封闭，构成比较单一，视觉常被引导在一个方位或落在一个点上，空间常表现得非常清晰，一目了然。（图 2-6、图 2-7）

动态空间，或称为流动空间，往往具有空间的开敞性和视觉的导向性的特点，界面（特别是曲面）组织具有连续性和节奏性，空间结构形式富有变化性和多样性，常使视线从这一点转向那一点。（图 2-8~图 2-10）

图 2-6 静态空间

图 2-7 静态空间

图 2-8 动态空间

图 2-9 动态空间

图 2-10 动态空间

图 2-11 开敞空间

3. 开敞空间和封闭空间

空间的开敞与封闭取决于房间的适用性质和周围环境的关系，以及视觉上和心理上的需要。（图 2-11）

（1）在空间感上，开敞空间是流动的、渗透的，它可提供更多的室内外景观和扩大视野；封闭空间是静止的，有利于隔绝外来的各种干扰。

（2）在使用上，开敞空间灵活性较大，便于经常改变室内布置；而封闭空间提供了更多的墙面，容易布置家具，但空间变化受到限制，同时，和大小相仿的开敞空间比较显得要小。

（3）在心理效果上，开敞空间常表现为开朗的、活跃的；封闭空间表现为严肃的、安静的或沉闷的，但富于安全性。

4. 空间的肯定性和模糊性

界面清晰、范围明确、具有领域感的空间，称为肯定空间。一般私密性较强的封闭型空间属于此类。

在建筑中凡属似是而非、模棱两可、无可名状的空间，通常称为模糊空间。在空间性质上，它通常介于两种不同类别的空间之间，如室外、室内，开敞、封闭等。（图 2-12）

5. 虚拟空间和虚幻空间

虚拟空间是指在界定的空间内，通过界面的局部变化而再次限定的空间。如局部升高或降低地坪或天棚，或以不同材质、色彩的平面变化来限定空间等。虚幻空间是指室内镜面反映的虚象，把人们的视线带到镜面背后的虚幻空间去，于是产生空间扩大的视觉效果，有时还能通过几个镜面的折射，把原来平面的物件造成立体空间的幻觉，紧靠镜面的物体，还能把不完整的物件（如半圆桌），造成完整的物件（圆桌）的假象。（图 2-13～图 2-16）

图 2-12 空间模糊

图 2-14 空间分隔方式

图 2-13 虚拟空间

图 2-15 虚拟空间

图 2-16 空间分隔方式

第二节 居住空间的组织设计

室内空间设计主要是以空间的组织来实现的，空间组织主要表现于空间的分隔与组合。依据空间的特点、功能与心理要求以及艺术审美特征的需要来进行分割与组合。

一、居住空间的分隔方式

空间分隔是对一独立空间或组合空间进行重新分隔组合，寻求空间形象的进一步丰富和实用，也就是更有效地利用空间。注意，空间的分隔不是简单地用天盖、地载或其他界面分割成各自独立的区域，而是对整体空间进行有机规划后的分隔。因此，分隔时不能平均对待，要有主从关系，达到空间形象统一，有层次感。

随着时代的发展，空间的分隔有了一些新的趋势。更多考虑了空间的流动感和视线的赏心悦目。以"区"来重新定义空间类型，功能规划更为细腻，为全新生活方式提供完美的空间与室内外动线支持，充分满足个性与生活品质的追求。

1. 空间分隔手法

（1）垂直型分隔

垂直型分隔又称竖隔断，就是将室内空间在竖向上进行分割，把原来单一功能的空间划分成具有各种不同功能的部分。分隔手段常利用建筑构件（如墙体等）、家具、陈设、灯饰、屏风、绿化栅格及博古架等。软体隔断、幕帘、横条或竖条型窗帘。

垂直型分隔中常见以下几种方式：

①绝对分隔：绝对分隔出来的空间就是常说的"房间"，这种空间封闭程度高，不受视线和声音的干扰，与其他空间没有直接联系。我们平时住家当中的卧室、卫生间以及餐馆的独立包厢等都是典型的空间绝对分隔形式。（图2-17）

②弹性分隔：用片断的面（屏风、半隔墙和较高的家具等）划分空间，称为弹性分隔。其限定度的强弱因界面的大小、材料、形态而异。弹性分隔的特点介于绝对分隔与象征性分隔之间，有时界限不大分明。（图2-18）

图2-17 绝对分隔方式

图2-18 空间局部分隔

③象征性分隔：多数情况下是采用不同的材料、色彩、灯光和图案来实现的。利用这种方法分割出来的空间就是一个虚拟空间，可以为人所感知，但没有实际意义上的隔断作用。（图 2-19、图 2-20）

图 2-19 用地面色彩和材质的不同、结合隔断划分出休息空间

图 2-20 用地面色彩和材质的不同划分出休息空间

（2）水平型分隔

将室内空间的高度作不同层次的处理，如利用挑台、顶棚、阶梯等。隔断较高时，分隔层面以下的空间与整体空间易融为一体；隔断较低时则又有相对的独立性，其优点是增强空间的视觉效果。

2. 常见空间分隔的几种典型常用手法

（1）建筑结构与装饰构架

利用建筑本身的结构和内部空间的装饰构架进行分隔。用空间建筑架构的梁柱或地坪的高低差来分隔空间的方式，在空间的分隔上不明确、视线上没有有形物的阻隔，但透过象征性的区隔，在心理上仍是一种分割的空间。

此种分隔的特点：有力度感、工艺感、安全感，构架以简炼的点、线要素组成通透的虚拟界面。（图 2-21、图 2-22）

图 2-21 利用旋转楼梯划分

图 2-22 利用建筑的圆拱结构划分

（2）隔断与家具

利用各种隔断和家具进行分隔。隔断以垂直面的分隔为主，家具以水平面的分隔为主。隔断不承重，所以造型的自由度很大，设计应注意高矮、长短和虚实等的变化统一。隔断的颜色搭配，是整个居室的一部分，颜色应该和居室的基础部分协调一致。隔断的材料选择和加工，需要精心挑选和加工，从而实现良好形象塑造和美妙颜色的搭配。尤其隔断是一种非纯功能性构件，所以材料的装饰效果可以放在首位。

家具中的桌、椅、沙发、茶几、高低柜，都能够用来分隔空间。在隔断布局中一定要注意采光问题。采光在隔断式家具布局中很关键，解决不好采光问题，隔断家具再好，分隔出来的空间也是一片昏暗。此种分隔特点：具有领域感，容易形成空间的围合中心。（图2-23~图2-25）

（3）利用基面或顶面的高差变化分隔

利用界面的高差变化分隔空间的形式，其限定性较弱，只靠部分形体的变化来给人以启示、联想划定空间。空间的形状装饰简单，却可获得较为理想的空间感。

常用方法有两种：一是将室内地面局部提高。在效果上具有发散的弱点，在居室内较少使用。二是将室内地面局部降低。在效果上内聚性较好，但在一般空间内不允许局部过多降低，较少采用。顶面高度的

图2-23 利用隔断分隔空间

图2-24 家具和玻璃隔断共同
分割空间

图2-25 利用家具分割空间

图2-26 利用地面高低落差
分隔空间

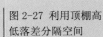

图 2-27 利用顶棚高
低落差分隔空间

图 2-28 用片断、低矮的面
体现高低落差

变化方式较多，可以使整个空间的高度增高或降低，也可以是在同一空间内通过看台、挑台、悬板等方式将空间划分为上下两个空间层次，既可扩大实际空间领域，又丰富了室内空间的造型效果。多用于公共空间环境。界面凹凸与高低的变化进行分隔，具有较强的展示性，使空间的情调富于戏剧性变化，活跃与乐趣并存。（图 2-26~ 图 2-28）

（4）光色与质感

利用色彩的明度、纯度变化，材质的粗糙平滑对比，照明的配光形式区分，达到分隔目的。如果客厅足够大，墙壁的色彩也可以根据不同区域来变化，但要避免给人杂乱无章的感觉。这种设计应在统一的大色调下，做到整体协调，不可对比太过突兀。像墙面、地面、天花都可采用此种方法。

利用不同的地面材料来区分，如在会客区铺地毯，在餐厅铺木地板，通道处有防滑砖等，这也是分隔的一种形式，虽然没有用实物分隔的方式，但这种软隔起的作用会令空间更加协调而统一。

利用灯具对空间进行划分，通过挂吊式灯具或其他灯具的适当排列并布置相应的光照。（图 2-29、图 2-30）

图 2-29 利用地毯的鲜艳颜
色和地面瓷砖的材质不同分
隔空间

图 2-30 垂直的灯柱既是隔
断又是灯饰

（5）陈设与装饰

利用陈设与装饰进行分隔，具有较强的向心感，空间充实，层次变化丰富，容易形成视觉中心。软隔断的装饰应用，如珠帘及特制的折叠帘，多用于住宅类、工作室等空间的分隔。

（6）水体与绿化

利用水体与绿化进行分隔，具有美化和扩大空间的效应，充满生机的装饰性，使人亲近自然。水池、花架等建筑小品对室内空间划分，不但保持了大空间的特性，而且又能活跃气氛，起到分隔空间的作用。（图2-31、图2-32）

图 2-31 利用高低、聚散有致的花木分隔空间

图 2-32 利用垂吊的植物"绿帘"分隔空间

二、居住空间的组织形式

空间的组合形式有：包容性组合、邻接性组合、穿插性组合、过渡性组合、综合性组合。

空间是由不同形式的界面围合而成的一种形态，空间再组合是室内设计的一项重要内容，也是完成整个内部环境营造的基础。从精神要求上来看，居住空间艺术的感染力并不限于人们静止地处在某一固定的点上，而且贯穿于人们从移动过程中来感受它。从功能角度来看，空间与空间之间并不是彼此孤立的，而是互相联系的。

从空间的性质来看，空间包含了物理空间与心理空间。通过对视觉的作用，物理空间与视觉空间皆可引发人对空间的体验。物理空间是物质实体限定于围合的空间部分。心理空间不是物理上真实存在的空间，而是人们对空间的心理感受。这也就是我们常说的实体空间与虚拟空间。实体空间可以把空间范围限定得非常明确，虚拟空间划分出来的空间范围不明确，其被限定的程度也很小，更多的给人赋予一种心理的联想空间。虚拟空间位于大空间之中，又有相对独立性，它可以避免实体空间的单调空旷，也不会让人感觉呆板和闭塞。空间的存在大多数是以组合形式存在的，空间的组合主要是复合空间的组合。

1. 包容性组合空间

包容性空间是一个空间置于另一个空间之中，在属性上形成空间的包含关系。大空间作为小空间的三度场地的基础，大空间中包含小空间很容易产生视觉及空间的连续性，两者之间的尺度必须有明显的差别。共享空间是包容性空间的直接的表达。

2. 邻接性空间

两个不同形态的空间以对接的方式进行组合称为邻接的方式进行组合。邻接是空间关系中最常见的形式，它允许各个空间根据各自的功能或者象征意义的需要，清楚地加以划定。相邻空间之间的视觉及空间连续程度，取决于它们既分隔又联系在一起的那些面的特点。

3. 穿插性空间

穿插性空间就是两个或两个以上的空间相互穿插、相互叠加而形成的一个公共空间地带。相互穿插的的空间体量可以不相同，形式也可不一样，穿插方式各异，当两个空间以这种方式贯穿时仍保持各自作为空间所具有的界限及完整性。

4. 过渡性空间

对相隔一定距离的两个空间，由第三个过渡性空间来连接，称为过渡性空间。这种方式给空间带来了变化，加强了空间的节奏感，其在空间设计中具有重要的作用。

5. 综合性组合

对上述一系列空间组织的学习，把握其各种各样的用途，而对空间进行组织是非常关键的。当设计师面对要创造和界定一个围起来的空间这样的任务时，有好几种方法可用于空间平面图的组织与规划。空间组织的概念也有助于对已有的空间结构作出系统分析和判断，在空间的组合方式以及功能、象征方面起重要作用。

第三节　居住空间的界面设计

室内界面既是构成室内空间的物质元素，又是室内进行再创造的有形实体。它们的变化关系直接影响室内空间的分隔、联系、组织和艺术氛围的创造。因此，界面在室内设计中具有重要的作用。

一、界面设计的内容及功能特点

1. 界面设计的内容

室内界面，包含围合成室内空间的底面（楼、地面）、侧面（墙面、隔断）和顶面（平顶、天棚）几个部分。人们使用和感受室内空间，但通常直接看到甚至触摸到的则为界面实体。从室内设计的整体观念出发，我们必须把空间与界面有机地结合在一起来分析和对待。但是，在具体的设计进程中，不同阶段有不同的侧重点，例如在室内空间组织、平面布局基本确定以后，对界面实体的设计就变得非常重要，它使空间设计变得更加丰富和完善。在具体设计中，因为室内空间功能要求和环境气氛的要求不同，构思立意不同，材料、设备、施工工艺等技术条件不同，界面设计的表现内容和手法也多种多样。例如：表现技术美，室内设备外露、结构体系与构件构成关系；表现材质美，强调界面材料的质地与纹理；表现造型和光影美，利用界面凹凸漏空等形态变化与光影变化形成独特效果；表现色彩美，强调界面色彩、色彩构成关系、光色明暗冷暖设计以及强调界面图案设计与重点装饰等等。

因此，界面设计从界面组成角度又可分为：顶界面——顶棚、天花设计，底界面——地面、楼面设计，侧界面——墙面、隔断的设计三部分。此外，界面设计还需要与建筑室内的设施、设备予以周密协调，例如界面与风管尺寸及出、回风口的位置，界面与嵌入灯具或灯槽的设置，以及界面与消防喷漆、报警、通信、音响、监控等设施的接口关系等。（图2-33~图2-36）

2. 各类界面的功能特点

（1）顶界面（平顶、天棚）：应满足质轻、光反射率高、保温、隔热、隔声、吸声等要求。

（2）底界面（楼、地面）：应具有防滑、耐磨、易清洁、防静电等特点。

（3）侧界面（墙面、隔断）：除了挡视线外，应具有较高的保温、隔热、隔声、吸声的要求。

图 2-33 界面设计

图 2-34 界面设计

图 2-35 界面的处理

图 2-36 界面的处理

二、顶界面——顶棚设计

顶棚——作为居室空间的顶界面，最能反映空间的形态及关系。设计者应根据空间的构思立意，综合考虑建筑的结构形式、设备要求、技术条件等，来确定顶棚的形式和处理手法。顶棚作为水平界定空间的实体之一，对于界定、强化空间形态、范围及各部分空间关系有重要作用。另外，顶棚位于空间上部，具有位置高、不受遮挡、透视感强、引人注目的特点，因此通过顶棚的艺术处理，可以达到突出重点，增强空间方向感、秩序与序列感、宏大与深远感等艺术效果的作用。

顶棚的处理根据空间特点的不同有各式各样的处理手法。从与结构的关系角度，一般分为显露结构式、半显露结构式、掩盖结构式。其中，后两种形式主要通过吊顶设计来完成，而前两种顶棚形式与后一种顶棚形式相比则既节约材料和资金，又可以达到美观和环保的效果，因此被广泛地使用。总之，顶棚设计，特别是吊顶设计，往往融合了造型、色彩、材质等多种设计手法。（图 2-37~ 图 2-40）

在居住空间顶棚设计中，室内空间的结构体系、楼面的板厚、梁高、风管的断面尺寸以及水电管线的走向和铺设要求等，都是必须考虑的。有些设施如风管、水管是在空间顶面楼板或梁底下面走的，吊顶只能做在它们的下面。因此，吊顶形式的做法受室内空间的竖向尺寸要求的制约，就必须考虑这些因素。此外，顶面设计还要考虑与设在顶面的出、回风口位置，嵌入灯具或灯槽的设置，以及与消防喷淋、报警、通信、音响、监控等设施的接口关系等。

图 2-37 顶界面设计

图 2-38 线脚处理

图 2-39 顶界面的处理

图 2-40 墙界面的处理

三、底界面——地面设计

地面作为空间的底界面，也是以水平面的形式出现的。由于地面需要用来承托家具、设备和人的活动，因而其显露的程度是有限的。从这个意义上讲，地面给人的影响要比顶棚小一些。但从另一个角度看，地面又是最先被人的视觉所感知的，所以它的形态、色彩、质地和图案将直接影响室内气氛。

1. 地面造型设计

地面的造型主要通过凸、凹的方式形成有高差变化的地面，而凸出、凹下的地面形态可以是方形、圆形、自由曲线形等，使室内空间富有变化。另一种是通过地面图案的处理来进行地面造型设计。地面图案设计一般分为抽象几何形、具象植物和动物图案、主题式（标识或标志等）。地面的形态设计往往与空间、顶棚的形态相呼应，使主要空间的艺术效果更加突出和鲜明。

2. 地面的色彩设计

地面与墙面一样对其他物体起着衬托作用，同时又具呼应和加强墙面色彩的作用，所以地面色彩应与墙面、家具的色调相协调。通常地面色彩应比墙面稍深一些，可选用低彩度、含灰色成分较高的色彩，常用的色彩有：暗红色、褐色、深褐色、米黄色、木色以及各种浅灰色和灰色等。在运用这些色相时要注意选择较低的彩度。

图 2-41 地面的处理　　　　　　　　　　图 2-42 地面材质

3. 地面的光设计

在地面设计中，有时可利用光的处理手法来取得独特的效果。在地面下方设置灯光或配置地灯，既丰富了视觉感受，又可起引导作用。地面的灯光设计除了导向作用外，还能作为地面的装饰图案。（图2-41）

4. 地面的材质设计

地面一般选用比较耐磨、结实、便于清洗的材料，如天然石材（花岗石、鹅卵石）、水磨石、毛石、地砖等，也有选用大理石、木地板或地毯等高规格材料的。木地板因其特有的自然纹理和表面的光洁处理，不仅视觉效果好，而且显得雅致，有情调。花岗石地面因其材质的均匀和色差小，能形成统一的整体效果，再经过巧妙构思，往往能取得理想的效果。地砖铺地变化较少，但通过图案设计和色彩搭配，也能取得很好的效果。鹅卵石地面经过拼贴组合，再加上其本身的自然特性，可以营造室内空间的特色气氛。此外，地面设计除采用同种材料变化之外，也可用两种或多种材料进行构成，既可以此来界定不同的功能空间，同时又使地面有了变化。（图2-42）

四、侧界面——墙面、隔断的设计

1. 墙面设计

墙面作为围合空间的侧界面，是以垂直面的形式出现的，对人的视觉影响至关重要。在墙面处理中，大至门窗，小至灯具、通风孔洞、线脚、细部装饰等，只有作为整体的一部分而互相有机地联系在一起，才能获得完整统一的效果。

（1）墙面造型设计

墙面造型或形态设计最重要的是虚实关系的处理。一般门窗、漏窗为虚，墙面为实，因此门窗与墙面形状、大小的对比和变化往往是决定墙面形态设计成败的关键。墙面的设计应根据每一面墙的特点，或以虚为主，虚中有实，或以实为主，实中有虚。应尽量避免虚实各半、平均分布的设计方法。

其次，通过墙面图案的处理来进行墙面造型设计。可以对墙面进行分割处理，使墙面图案肌理产生变化；或采用壁画、绘有各种图案的墙纸和面砖等手段丰富墙面设计；还可以通过几何形体在墙面上的组合构图、凹凸变化，构成具有立体效果的墙面装饰；有时整面墙用绘画手段处理，效果独特，内容合适和内涵丰富的装饰绘画，既丰富了视觉感受，又能在一定程度上强化主题思想。

另外，墙面造型设计还应当正确地显示空间的尺度和方向感，不恰当的虚实对比关系、墙面分割形式、肌理尺度，都会造成错觉，并歪曲空间的尺度感和方向感。在一般情况下，低矮空间的墙面多适合于采用竖向分割的处理方法，高耸空间的墙面多适合于采用横向分割的处理方法，这样可以从视觉心理上增加和降低空间高度。此外，横向分割的墙面常具有水平方向感和安定感，竖向分割的墙面则可以使人产生垂直方向感、兴奋感和高耸感。（图2-43、图2-44）

（2）墙面的光设计

利用光作为墙面的装饰要素，将使墙面和墙面围合的空间环境独具魅力。一是通过在墙面不同部位设不同形态的洞口或窗，把自然光与空气引入，一天之中随着光线的缓缓移动旋转，像一种迷离的舞蹈。光与色彩、空间、墙体奇妙地交错在一起，形成墙面、空间的虚实、明暗和光影形态变化，同时室外空间在视觉上流通，把室外景观引入室内，增加室内空间活动。二是通过墙面人工照明设计，营造空间特有的气氛。

（3）墙面的材质设计

合理使用和搭配装饰材料，使墙面富有特点、富于变化。采用两种材质搭配装饰墙面，可以取得很好的效果。（图2-45）

图2-43 墙面造型设计　　图2-44 墙面造型设计　　图2-45 墙面材质的选用

（4）墙面的色彩设计

墙面在室内占有最大面积，其色彩往往构成室内的基本色调，其他部分的色彩都要受其约束。墙面色彩通常也是室内物体的背景色。它一般采用低彩度、高明度的色彩。设计墙面色彩时应考虑房间朝向、气候等条件，同时还应与建筑外部的色彩相协调，忌用建筑外环境色调的补色。例如室外有大片红墙面，室内墙面不宜用绿色和蓝色；室外为大片绿荫，则室内不宜用红色或橙色。墙裙的色彩一般应比上部墙的明度低。踢脚线的运用与墙或墙裙的颜色为同一色相，但明度要低于墙裙，并且要和地区别开。当然也有例外的时候，一些商业娱乐场所为了渲染气氛，墙面用色往往比较浓重，强调对比等。

2.隔断设计

家居的装修设计应该注重空间的塑造，因为我们使用的不是实的墙体，而是被它们围合起来的虚的空间。隔断是限定空间，同时又不完全割裂空间的手段，如客厅和餐厅之间的博古架等。使用隔断能区分不同性质的空间，并实现空间之间的相互交流。隔断非常普遍，但是大部分设计得不好，技术和艺术结合得不够巧妙。设计隔断应注意三个方面的问题：

（1）形象的塑造：隔断不承重，所以造型的自由度很大，设计应注意高矮、长短和虚实等的变化统一。

（2）颜色的搭配：隔断是整个居室的一部分，颜色应该和居室的基础部分协调一致。

（3）材料的选择和加工：根据上述两条原则，我们可以精心挑选和加工材料，从而实现良好形象塑造和美妙颜色的搭配。尤其，隔断是一种非功能性构件，所以材料的装饰效果可以放在首位。

掌握了以上一些基本原则，我们就可以根据自己的爱好来设计居室中的隔断。一般来说，居室的整体风格确定后，隔断相应采用这种风格。然而，有时采用相异的风格，也能取得不俗的效果，一般是在整体风格简易时采用繁复的隔断风格。

隔断在造型上，按照形式来区分，可分为固定隔断造型和灵活隔断造型，常用于间隔客厅与餐厅、厨房与餐厅、卧室与阳台、卫生间等空间。如果要将大的空间分隔成两个空间，最常见的隔断造型就是使用轻体墙：用轻钢龙骨加石膏板或者是轻体砖砌墙。这种隔断中若填充了隔音棉、聚苯板等材料，那么隔断的私密性、隔音效果比较好。而根据不同的场合，不同的需求，还要考虑不同材料的质感。一般常用的玻璃砖等材质，多用于卫生间隔断或者主卧套间中，既能达到好的采光效果，又能防水、防潮；半开式的书柜、家具也可以做隔断使用。

隔断造型有很多种，有以下基本常用的九种造型：

（1）水晶帘隔断造型、线帘隔断等一般用于空间较小，无法进行明确区分的场所；草编、壁画式的屏风作为隔断也屡见不鲜，体现多种风格；绿植等也可作为小型隔断；而在欧式风格中，柱子作为装饰的本身也可作为隔断。（图2-46）

（2）风琴帘隔断造型：这种特制无纺布制成的风琴帘可以水平收起，能灵活切割空间。另外，帘布的材料多样，可根据需求选择隔光、透光、透纱等，也可以任意两种帘布自由组合。由于帘布为蜂窝状结构，所以有一定的保温、隔热、吸音效果。收起方式多样，可根据需要单向单侧收起、双向收起或向两侧收起，很适合家庭阳台，由于不够隔音，不大适合其他空间。（图2-47）

（3）珠帘隔断造型：用珠帘来分隔空间，既能够保持空间的通透性，不影响采光，又能为房间增添浪漫气氛，颜色种类多样，可根据风格来搭配。多用于卧室或小面积的分隔，适合田园、现代简约风格。

（4）纱帘隔断造型：这种纱帘可以全部放下，也可以向上收起，窗帘放下时可调节帘片倾斜的角度，从全部打开很通透到半通透以及全部闭合等状态，可起到柔性间隔的作用，适合用于家庭玄关等柔性分隔的空间，由于不能横向收起，所以要考虑空间。

41

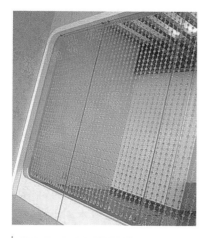

图2-46 水晶帘隔断造型

图2-47 风琴帘隔断造型

（5）雕花隔断造型：可采用高密度板、实木板等材料做成这种镂空雕花或者中式门扇样式的隔断，可以凭业主喜欢的图形定制，或根据需求做成推拉形式或固定形式。由于是镂空的，既不影响采光效果，也具备很好的通透性。镂空隔断可根据风格来上不同的颜色，无论是中式、西式还是古典、现代风格都可使用。

（6）多宝格隔断造型：根据风格来设计多宝格，既能实现与装饰风格的融合，又能起到展示的作用，也对空间进行了分隔，同时还具备一定的通透性，一般适用客厅与餐厅间的分隔。（图2-48）

（7）推拉门隔断造型：根据空间可选择吸音板、装饰板、板材、玻璃、刨花板、镜子等不同的材料来做成推拉门形式，也可做成镂空的屏风。打开时是一面风景，不用时可让两个空间融为一体。如果使用特殊的轨道，还可实现多角度旋转，不用时可贴到第二面的墙上，作为墙面的装饰，多在小户型内使用。如果要求通透性，可将门板做成镂空，由于对轨道的质量要求较高，而且只从视觉上隔开，隔音效果不佳。（图2-49）

（8）玻璃隔断造型：有雕花玻璃、磨砂玻璃、彩绘玻璃等，而且可以选择贴膜、墙贴、手绘等各种风格的图案，选用范围广，通透性好，也不影响采光，多见于现代简约、新古典、后奢华等风格。很适合用于开放式厨房和其他空间进行分隔。透明的玻璃墙保证了开放式厨房的开阔感和透亮性，在视觉效果上不打折扣，而烹饪时的油烟扩散问题也得以解决。由于在使用玻璃做隔断时需要考虑到安全性，它不适合用于走动频繁的部位，如果用的话也要尽量进行包裹处理。此外，家里有老人、小孩的空间最好不要使用。

（9）屏风帘隔断造型：这种类似屏风一样的特制纤维布制成的帘，可以水平收起、合上，隔断方式很灵活，需要时打开，不需要时就合上形成一个大空间，对空间的利用更充分。帘布可透光透景，即使在隔开时也不会过分压抑，帘布收起方式多样，单向单侧收起，或双向收起向两侧收起，或双向向中间收起，风格简约时尚，很适合家庭零居室户型的空间分隔，或者开放式厨房的空间分隔，但是用于厨房时则要考虑防油烟等问题。这种隔断造型毕竟隔音效果不佳，只可作为软性隔断灵活使用。

隔断的造型在家居装潢、办公装修中都是不可缺少的因素。一个小小的隔断可以衬托出整个空间的美感，增添用户的体验度。

图2-48 多宝格隔断造型

图2-49 推拉门隔断造型

第三章 居住空间设计中的材料与施工

教学目标：

通过本章学习，使学生了解并掌握居住空间设计中界面设计的要求及常用的材料，装修施工项目及工艺流程。

教学内容：

1. 居住空间中界面设计的要求

2. 居住空间中常用的装饰材料

3. 居住空间施工的基本要求

4. 家居装修施工项目及工艺流程

教学重点：

掌握居住空间装修中常用的材料以及施工项目流程。

教学实践：

实地考察施工现场和样板房，并让学生了解常用材料的种类、用途、安装与施工方法。

第一节 居住空间的材料

在经济高速发展的今天，人们对自己的居住空间环境有了新的要求，包括对居住的空间环境使用的装饰材料有了更高的要求。居住空间的装饰材料是指用于建筑物内部墙面、天棚、柱面、地面等的罩面材料。严格地说，应当称为室内建筑装饰材料。

现代室内装饰材料不仅具有绝热、防潮、防火、吸声、隔音等功能，保护建筑结构构件的作用，还可以运用物质手段、科技手段以及艺术手段创造功能合理、优美舒适的个性化空间，来满足人们工作、生活、学习和休息的需要。

一、居住空间中界面设计的要求

在居住空间材料的选择上，地面、顶面、墙面的设计有着共同的设计要求。

1. 坚持安全性原则。在选用装饰材料时，要优先选用环保型材料、不燃或难燃等安全型材料，避免在使用过程中发生不安全隐患或者释放有毒气体的事故，给人们创造一个安全、舒适的环境。

2. 全面整体性原则。在选材时要全面考虑建筑的结构、功能、施工等技术上的合理性，满足与环境相适应的使用功能。

3. 美观适用性原则。根据装饰材料的色彩、质感、形态、光泽以及花纹图案等要素，选择与空间环境相适应的装饰材料。且能体现使用者的情趣、文化等多方面修养的个性化空间。

4. 经济合理性原则。材料的选择时要考虑自己的经济条件，不能盲目追求高档，选择适合自己居住空间装修要求且价格个人又能承受的环保性材料。

二、居住空间中常用的装饰材料

室内装饰材料种类繁多，按材质分类有塑料、金属、陶瓷，玻璃、木材、无机矿物、涂料、纺织品、石材等种类；按功能分类有吸声、隔热、防水、防潮、防火、防霉、耐酸碱、耐污染等种类；按装饰部位分类则有墙面装饰材料、顶棚装饰材料、地面装饰材料等。

1.墙面装饰材料

在居住空间设计中，墙面装饰材料种类非常繁多。它对居住空间的影响很大，不仅可以保护墙体，装饰美化空间，还能增添空间气氛，丰富人们的精神生活。室内墙面常用的装饰材料根据装饰方法不同，可分为：贴面类、涂刷类、卷材类、原质类等。常用的材料有涂料、陶瓷、墙纸与墙布、人造装饰板、石材、玻璃、砖等。

（1）涂料。中国涂料界比较权威的《涂料工艺》一书是这样定义的："涂料是一种材料，这种材料可以用不同的施工工艺涂覆在物件表面，形成粘附牢固、具有一定强度、连续的固态薄膜。这样形成的膜通称涂膜，又称漆膜或涂层。"它对物体表面具有保护、装饰等作用，制作时需要根据被涂物体及涂抹用途来选择其种类。在居住空间中常用的内墙面涂料主要是乳胶漆和用于木制家具及造型涂饰的木器漆。（图3-1~图3-4）

图 3-1 乳胶漆色卡

图 3-2 油漆色卡

图 3-3 乳胶漆

图 3-4 乳胶漆、油漆效果图

乳胶漆主要由水、颜料、乳液、填充剂和各种助剂组成。施工方便、安全、耐水洗、透气性好，可根据不同的配色方案调配出不同的色泽。在选择涂料色彩的时候，居室宜选用明快活泼的色彩，卧室、餐厅的色彩最好偏暖，书房宜雅致，庄重、和谐为主色调。目前用于喷涂木制品的木器漆繁多，名称也不一致，常用的有以下几种：硝基清漆、聚酯漆、聚氨酯漆、UV 木器漆、纳米木器漆等。其中聚氨酯漆漆膜强韧，光泽丰满，附着力强，耐水耐磨、耐腐蚀性，被广泛用于高级木器家具，也可用于金属表面。目前在居住空间装饰中使用较广泛。

（2）内墙面砖。内墙砖属于贴面类，作为当今室内墙面主要的装饰材料，其应用范围广泛。在现代居住空间中的墙面装饰，都可以使用内墙砖。内墙砖是瓷砖的一种，按质地分类，可以将内墙砖分为陶制釉面内墙砖和瓷质内墙砖。陶制釉面内墙砖的表面涂有一层彩色的釉面，经加工烧制而成，色彩变化丰富，特别易于清洗保养。瓷质内墙砖分为抛光砖和不抛光砖两种，从表面到内部，色泽、质地完全相同，产品全部瓷化，结构致密，材质坚硬，不变形，不变色，具有极好的耐磨性。陶瓷内墙瓷砖的吸水率低，抗腐蚀、抗老化能力强。特别是内墙瓷砖具有的耐湿潮、耐擦洗、耐候性，是其他材料无法取代的，且色彩丰富，是家庭装修中厨房、卫生间、阳台墙面理想的装修材料。（图 3-5、图 3-6）

图 3-5 墙砖效果图　　　　　　　　图 3-6 墙砖效果图

（3）墙纸与墙布。墙纸也称壁纸，属于卷材类材料。壁纸是以纸为基材，以聚氯乙烯塑料、纤维等为面层，经压延或涂布、印刷、轧花或发泡而制成的一种墙体装饰材料。目前市场上壁纸品种繁多，按面层材质分为纯纸壁纸、塑料壁纸、发泡壁纸、纺织物壁纸、天然效果壁纸、木纤维壁纸、金属壁纸等。壁纸在使用过程中有着得天独厚的优点，它具有吸音、隔热、防菌、防火、防霉、调节室内湿度与改善环境的作用。其图案多变、色泽丰富，仿制传统材料的外观，以独特的柔软质地产生的特殊效果柔化空间、美化环境，深受用户的喜爱。随着人们环保意识的增强，壁纸将会成为家庭装修的主选材料之一。（图 3-7～图 3-10）

从广义上来讲，墙布也属于墙纸的一种类型，它是壁纸的升级产品，它同样有着变幻多彩的图案、瑰丽无比的色泽，质地柔软舒适，纹理自然，色彩柔和，艺术效果好。壁布表层材料的基层多为天然物质，较常见的有黄麻墙布、印花墙布、无纺墙布、植物纺织墙布。此外，还有较高档次的丝绸墙布、静电植绒墙布、仿麂皮绒墙布等。两者都可用于居住空间中的墙面、顶棚。

（4）人造板。人造板主要是利用木材在加工过程中产生的边角废料，添加胶粘剂，经一定机械加工制作而成的板材。人造板材种类很多，常用的板材有木芯板、胶合板、饰面板、纤维板、刨花板、塑料贴面板、宝丽板、纸质饰面人造板等。每种板材延伸和深加工后，又有许多新的产品出现。在制作中，常以木芯板、纤维板、胶合板为基材，再贴于饰面人造板。可以用于室内墙面造型、家具、门扇窗框的制作中。（图3-11~图3-16）

（5）饰面石材。石材可分为天然石材和人工石材两大种类，是装饰材料中的高档产品。天然石材是从天然岩体中开采并加工成块状或板状的材料，用于装修中的天然石材是指天然花岗岩和天然大理石。天然大理石质密、坚实，颜色品种多，但不耐风化，在装饰中多用于室内饰面材料。而天然花岗岩因其硬度大、耐磨、耐腐蚀，多用于室外的墙面及地面。人造石材是近年来发展起来的一种新型建筑装饰材料，主要是以石渣为主料而制成的块体材料。按照所用粘结剂不同，可分为有机类人造石材和无机类人造石材两类。其花色可以模拟天然大理石和花岗岩的肌理进行设计，是一种极具发展前途的建筑装饰材料。其抗污力、耐久性、加工性均优于天然石材，所以在居住空间设计选材上常以人造石材居多。（图3-17~图3-20）

（6）玻璃。玻璃在居住空间设计中是一种重要的装修材料，具有透光、透视、隔绝空气流通、隔音和隔热保温等性能。同时，可以利用一些特殊工艺，制成各种不同性能的玻璃，并具有较强的装饰效果。玻璃种类很多，简单可分为普通平板玻璃和深加工玻璃。根据不同的制作工艺分为磨砂玻璃、夹丝玻璃、钢化玻璃、压花玻璃、喷花玻璃、刻花玻璃、冰花玻璃、镜面玻璃等。可以用于居住空间中的各个部位，如：镜面玻璃，用于装饰室内空间墙面，可以扩大室内的空间感，创造生动、活泼的空间氛围。（图3-21~图3-25）

（7）砖。砖属于原质类材料的一种，是最简单、最朴素的装饰材料，具有防火、防潮、防风化等特点。因砌法不同，所表达的装饰效果也不同。其砌法有顺砌法、顶砌法、竖砌法、斜砌法等。也可以根据居住空间环境的需要，在砖墙表面刷一层涂料，表现不同的空间意境。（图3-26~图3-29）

2. 地面装饰材料

在居住空间中，地面装饰材料是用材中的重中之重。地面装饰材料的主要作用是装饰与保护室内地面，使地面清洁美观，与其他装饰材料一同创造优雅的居住环境。因此，对于地面的装饰设计，应满足多方面的要求。首先，必须坚固耐用；其次，要耐磨、耐腐蚀、耐水性、粘结力强、抗冲击力强、施工方便，并

图3-7 PVC墙纸

图3-8 木纤维类壁纸

图3-9 纯纸壁纸

图3-10 发泡壁纸

图3-11 木芯板

图3-12 胶合板

图3-13 刨花板

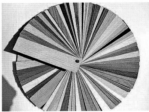
图3-14 饰面板

图 3-15 纤维板

图 3-16 宝丽板

图 3-17 天然大理石

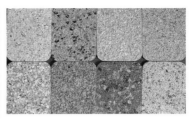

图 3-18 天然花岗岩

图 3-19 人造石材

图 3-20 人造石材效果图

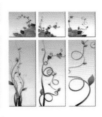

图 3-21 工艺玻璃

图 3-22 工艺玻璃

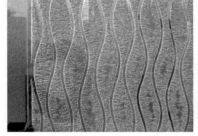

图 3-23 工艺玻璃

图 3-24 工艺玻璃

图 3-25 工艺玻璃

图 3-26 砖

图 3-27 砖

图 3-28 砖

图 3-29 砖

图 3-30 实木地板

图 3-31 实木地板

图 3-32 强化复合地板

图 3-33 强化复合地板

具有一定的隔声、隔热、吸音等要求。不同的材质地面，所产生的空间效果也不同，因此在设计中，应根据不同的空间要求合理选用材料。目前，在居住空间设计中，地面装饰材料常用的有实木地板、复合地板、地毯、地砖、天然石材、塑料地板等类型。

（1）实木地板。实木地板是木材经过烘干，加工而成。它具有天然纹理，脚感舒适，施工简便，使用安全，装饰效果好的特点。随着人们生活水平的提高，实木地板凭借它自身的各种优势，日益成为现代家庭室内地面装饰的主选材料。被广泛运用在卧室、书房、餐厅、客厅的地面装饰上，为现代家居带来高品质的生活。（图3-30、图3-31）

（2）复合地板。复合地板是以原木为原料，经过粉碎、填加粘合及防腐材料后，加工制作成为地面铺装的型材。它继承了实木地板纹理自然的优点，施工方便，是很好的地面装饰材料。在实用和装饰效果上与实木地板相比均有过之而无不及，因此特别受到年轻人的喜欢。复合地板中常用的有强化复合地板和实木复合地板。

强化复合地板主要是以纤维板和刨花板为基材，表层用含耐磨材料的三聚氰胺树脂浸渍装饰纸，底层用浸渍酚醛树脂的平衡纸，通过合成树脂胶热压加工而成。表面平整、耐磨性好，硬度大，但脚感较硬，易保养。（图3-32、图3-33）

实木复合地板直接以木材为原料，通过一定的生产工艺加工而成。保留了天然实木地板的优点，纹理自然、脚感舒适，但耐磨性不如强化复合地板。（图3-34、图3-35）

（3）陶瓷地砖。陶瓷地砖按其制作工艺及特色可分为釉面砖、通体砖、抛光砖、玻化砖及马赛克。釉面地砖主要用于卫生间、厨房的地面装饰，与内墙砖配套使用。（图3-36、图3-37）

通体砖的表面不上釉，而且正面和反面的材质和色泽一致，分为防滑砖、抛光砖和渗花通体砖。被广泛使用于居住空间中的客餐厅及阳台等地面。抛光砖就是通体砖经过打磨抛光后而成的砖，硬度高，且耐磨，可以做出各种仿石、仿木效果，室内很多空间都可使用。（图3-38、图3-39）

玻化砖表面光滑且透亮，是所有瓷砖中最硬的一种，属于抛光砖的一种。在吸水率、边直度、弯曲强度、耐酸碱性等方面都优于普通釉面砖、抛光砖及一般的大理石。适用于客厅、卧室、走道等。（图3-40、图3-41）

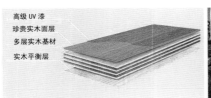
图3-34 实木复合地板

图3-35 实木复合地板

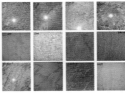
图3-36 陶瓷地砖

图3-37 陶瓷地砖

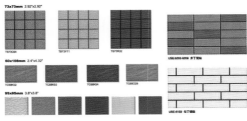
图3-38 通体砖

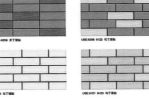
图3-39 通体砖

图3-40 玻化砖

图3-41 玻化砖

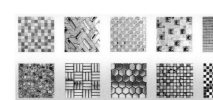

图3-42 马赛克　　　　　图3-43 马赛克　　　　　图3-44 地毯　　　　　图3-45 地毯

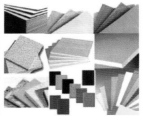

图3-46 塑料地板　　　　图3-47 塑料地板　　　　图3-48 塑料地板的地面　　图3-49 各种胶合板

马赛克一般由数十块小块的砖组成一个相对的大砖。耐酸、耐碱、耐磨、不渗水，抗压力强，不易破碎。它主要分为陶瓷马赛克、大理石马赛克、玻璃马赛克。适用于室内小面积地、墙面。（图3-42、图3-43）

（4）地毯也是室内地面铺设的常用材料之一。地毯种类很多，主要以毛、麻、丝及人造纤维材料为原料，按材质可分为纯毛、混纺、化纤、塑料、草编等。地毯质感柔软厚实，富有弹性，行走舒适，并有很好的隔音、隔热效果。铺设地毯的房间，使人有温馨感。（图3-44、图3-45）

（5）地板革是一种塑料地板，其种类繁多，常用的品种主要有聚氯乙烯块材（PVC）、氯化聚乙烯卷材（CPE），后者耐磨性、延伸性优于前者。块状板的常规尺寸为305mm×305mm。其优点是花色品种多，噪音小且耐磨，成本低，比较适合临时用房地面的铺设。缺点是不耐热、易污染、易损坏。（图3-46~图3-48）

3. 吊顶装饰材料

顶面在居住空间中是一个比较富有变化的界面，在设计吊顶时要根据居住空间的整体造型特征来考虑。吊顶可以弥补原建筑结构的不足。层高过高或过低，可以通过吊顶进行处理，达到理想的高度。其次，可以增强室内空间装饰效果，丰富顶面造型，增强视觉感染力，并具有隔热、保温、隔声、吸声的作用。

吊顶材料种类多样，在居住空间装修中一般常用的装饰材料有胶合板、石膏板、塑料PVC扣板、金属类扣板、矿棉吸音板。

（1）胶合板吊顶。胶合板吊顶，是现代装修常用的一种吊顶类板材。其龙骨多为木龙骨，由于尺寸较大，容易裁剪，可以轻易地创造出各种各样的造型天花，弯曲的、圆的、方的等。也可以与玻璃、不锈钢等其他材料结合，设计理想的造型。胶合板的表面可用涂料、壁纸等装饰材料饰面。（图3-49）

（2）石膏板吊顶。石膏板主要以熟石膏为原料，加入添加剂和纤维而制成，具有质轻、绝热、吸声、防火、防潮、可刷、可钉等性能，施工方便且绿色环保。用于顶面装饰的石膏板主要有纸面石膏板和装饰石膏板。施工时以轻钢龙骨结合，成为室内吊顶首选的装饰材料。也可与其他装饰材料结合设计各种顶面造型，如木材、玻璃、金属等。在居住空间中多用于客厅、餐厅、卧室的吊顶材料。（图3-50、图3-51）

图 3-50 石膏板吊顶

图 3-51 石膏板与木材结合

图 3-52 PVC 扣板

图 3-53 PVC 扣板

图 3-54 方形金属扣板

图 3-55 条形金属扣板

图 3-56 矿棉吸音板

图 3-57 矿棉吸音板

图 3-58 五金件

图 3-59 五金件

（3）塑料 PVC 扣板。塑料 PVC 扣板主要以 PVC 为原料，加工成企口式型材，质轻、安装方便、防潮、防蛀，且花色多、易清洗，具有隔热、隔音的效果。多用于居室中的厨房、卫生间的吊顶。（图 3-52、图 3-53）

（4）金属吊顶板。金属吊顶板材有铝、铜、不锈钢、铝合金等饰面材料，铜、不锈钢材料的装饰板材属于高档材料且价格也较高，一般的居住空间中，大多数人选用铝合金板材的面板，物美价廉。其常用形状有长形、方形等，表面分平面和冲孔两种。防火、防潮，还能防腐、抗静电、吸音、隔音、美观、耐用，主要用于卫生间或厨房吊顶。（图 3-54、图 3-55）

（5）矿棉吸音板。矿棉吸音板主要用于需要隔音、吸音效果较好的室内空间中，安装简单，装饰效果较好。不仅能有效地降低室内噪音、改善音质，也具有防火隔热的效果。（图 3-56、图 3-57）

4. 其他装饰材料

目前，在居住空间材料选用上，除了以上所介绍的的材料外，比较重要的就是五金件的选用了。其种类很多，选择好的五金配件不仅使用时间较长，而且更安全、便捷。按种类分，主要有锁类、拉手类、门窗五金类、装饰小五金类、水暖五金类、卫浴五金类、厨房及家电五金类等。（图 3-58、图 3-59）

第二节　居住空间的施工程序

一、居住空间施工的基本要求

（1）施工前，应进行设计交底工作，并应对施工现场进行核查，各工序安排到位，了解物业管理的有关规定并遵守。

（2）施工中，严禁损坏房屋原有各种设施及擅自改动建筑主体结构。燃气、暖气、通信等配套设施不能擅自拆改。

（3）施工人员应遵守相关的施工规范，注意用水、用电及人身安全。

（4）施工现场保持整洁、干净，不乱堆施工材料。

（5）文明施工，施工人员应服从管理人员的监督和管理。建筑垃圾按规定放在指定堆放处，不影响其他居民的生活。

二、家居装修施工项目及工艺流程

了解装修顺序，清楚施工步骤，是家居装修中的首要工作。家居装修按照施工顺序可分为主体改造工程、水电工程、泥工工程、木工工程、涂饰工程以及安装工程。俗话说："磨刀不误砍柴工"。在施工之前，设计师必须对居住空间设计的整套图纸与施工人员在现场进行交底、沟通。确定水路、电路、天然气等各项设施的终端位置，并让业主确认签字。检查好室内各个管道是否畅通，水表、门窗是否完好，以保证正常安全施工。

1. 主体改造工程

这项工程主要是根据图纸设计要求，对原有建筑结构进行局部改造。设计本着以人为本的原则，在不破坏原有建筑外部结构和承重结构的基础上，可以对原有空间进行二次改造。通常根据业主的居住需求进行改造。施工内容有：拆墙、砌墙、铲墙皮、移动门窗位置等。（图3-60~图3-62）

图 3-60 砌墙

图 3-61 拆墙

图 3-62 铲墙皮

2. 水电工程

水路管道安装工程，主要用于厨房、卫生间的户内给排水管的管道施工。电路安装工程，用于住宅配电箱入户后的室内电路布线及电器、灯具的安装。

（1）水路工程施工流程

按设计要求放线→开凿暗槽和穿墙孔洞→水管下料铺设→安装固定→试水、打压→封槽→绘制水路改造竣工图。

（2）水路工程施工要点

①水路施工前对预计进行水路改造的线路进行弹线确认。管路开槽按要求必须是平行线与垂直线。线槽开好后施工负责人记好开槽管路尺寸、位置。

②水路改造方案确认后用云石机沿线进行开槽。嵌入墙体、地面的管道应进行防腐处理并用水泥砂浆保护。墙内冷水管不小于10mm、热水管不小于15mm，嵌入地面的管道不小于10mm。嵌入墙体、地面或暗敷的管道应作隐蔽工程验收。冷热水管安装应左热右冷，平行间距应不小于200mm。当冷热水供水系统采用分水器供水时，应采用半柔性管材连接。

③水路开槽后用防水涂料对管槽进行涂刷，防止漏水发生后造成损失过大。（图3-63、图3-64）

图3-63 打压测试

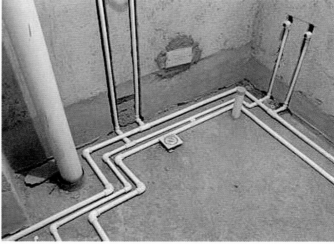

图3-64 水管安装

（3）电路工程施工流程

确定线路终端插座的位置→墙面标画出准确的位置和尺寸→就近的同类插座引线→绘制电路改造竣工图。

（4）电路工程施工要点

①电路分为强电（照明、电器用电）和弱电（电视、电话、音响、网络等）。先根据设计图纸确定线路终端插座、开关的位置并在墙面标出准确的位置和尺寸，并确定管线走向、标高，在墙面弹出控制线后，再用切割机切割墙面，人工开槽。暗线敷设必须配套管。电路配管、配线施工及电器、灯具安装应符合国家现行有关标准规范的规定。

②电线与暖气、热水、煤气管之间的平行距离不应小于300mm，交叉距离不应小于100mm。电源插座底边距地宜为300mm，平开关板底边距地宜为1400mm。

③线路安装时必须加护线套管，套管连接应紧密、横平竖直，直角拐角处使用专用弯管器作弯。同一回路电线应穿入同一根管内，但管内总根数不应超过8根，电线总截面积（包括绝缘外皮）不应超过管内截面积的40%。电源线与通信线不得穿入同一根管内。导线装入套管后，应使用专用线管固定卡子，先固定在墙内及墙面后，再抹灰隐蔽或用踢脚板、装饰角线隐蔽。工程竣工时应向业主提供电气工程竣工图。（图3-65~图3-68）

3. 泥工工程

包括防水工程、墙地面砖的铺设。

图 3-65 电路安装施工

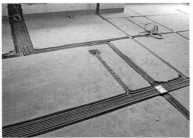

图 3-66 电路安装施工

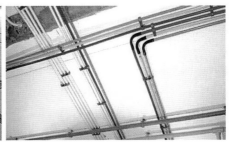

图 3-67 电路安装施工

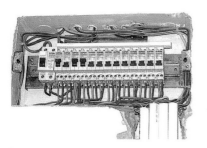

图 3-68 电路安装施工

图 3-69 防水工程

图 3-70 防水工程

（1）防水工程

铺贴墙地砖之前，必须对水电线路进行检查和验收。防水工程主要是卫生间、厨房、阳台的防水工程施工。防水工程应在地面、墙面隐蔽工程完毕并经检查验收后进行，在做防水之前应平整基层，表面不得有松动、空鼓、起沙、开裂等问题，地漏、套管、卫生洁具根部、阴阳角等部位，应先做防水附加层。防水层应与基层结合牢固，涂膜涂刷应均匀一致，不得漏刷。防水层应从地面延伸到墙面，高出地面 100mm；浴室墙面的防水层不得低于 1800mm。防水工程应做两次蓄水试验。（图 3-69、图 3-70）

（2）墙、地面砖的铺设

主要是指室内客餐厅、厨房、卫生间、阳台的墙、地面砖的铺设。墙、地面铺装工程应在墙面隐蔽及抹灰工程、吊顶工程已完成并经验收后进行。当墙体、地面有防水要求时，应对防水工程进行验收。墙地砖的品种、质量等级应符合设计要求，含水率应符合国家现行标准的有关要求。铺贴前应对墙、地面砖进行挑选，并浸水 2 小时以上，晾干表面水分。铺贴前先要放线定位和排砖，非整砖应排放在次要部位或阴角处。每面墙不宜有两列非整砖，非整砖宽度不宜小于整砖的 1/3。铺贴前应确定水平及竖向标志，垫好底尺，挂线铺贴。墙面砖表面应平整、接缝应平直、缝宽应均匀一致。阴角砖压向正确，阳角线宜做成 45° 角对接，在墙面突出物处，应整砖套割吻合，不得用非整砖拼凑铺贴。

①墙面砖工艺流程（图 3-71）

釉面砖：基层清扫处理→抹底子灰→选砖→浸泡→排砖→弹线→粘贴标准点→粘贴瓷砖→勾缝→擦缝→清理。

陶瓷锦砖：清理基层→抹底子灰→排砖弹线→粘贴→揭纸→擦缝。

②地面砖工艺流程（图 3-72）

清扫整理基层地面→水泥砂浆找平→定标高、弹线→选料→板材浸水湿润→安装标准块→摊铺水泥砂浆→铺贴地面砖→灌缝→清洁→养护交工。

53

图 3-71　贴墙面砖

图 3-72　贴地面砖

图 3-73　吊顶制作

图 3-74　吊顶制作

图 3-75　窗帘盒的制作

图 3-76　窗帘盒的制作

4. 木工工程

包括吊顶制作、木门窗套制作、窗帘盒、固定柜橱等家具的制作安装施工。

（1）吊顶龙骨的施工安装

吊顶龙骨主要有木龙骨和轻钢龙骨。木龙骨的横截面积及纵、横向间距应符合设计要求。骨架横、竖龙骨宜采用开半榫、加胶、加钉连接。安装饰面板前应对龙骨进行防火处理。轻钢龙骨是以镀锌钢带或薄钢板由特制轧机以多道工艺轧制而成的。它具有强度大、通用性强、耐火性好、安装简易等优点，可装配各种类型的石膏板、钙塑板、吸音板等。吊顶制作应根据吊顶的设计标高在四周墙上弹线。弹线应清晰、位置应准确。主龙骨吊点间距、起拱高度应符合设计要求。（图 3-73、图 3-74）

①轻钢龙骨、铝合金龙骨吊顶施工流程：弹线→安装吊杆→安装龙骨架→安装面板。

② PVC 塑料板吊顶施工流程：弹线→安装主梁→安装木龙骨架→安装塑料板。

（2）窗帘盒的制作

窗帘盒有两种形式：一种是房间有吊顶的，窗帘盒应隐蔽在吊顶内，在做顶部吊顶时就一同完成。另一种是房间未吊顶，窗帘盒固定在墙上，与窗框套成为一个整体。（图 3-75、图 3-76）

窗帘盒制作前应先根据设计要求弹线。窗帘盒的规格为高 120mm 左右，单杆宽度为 120mm，双杆宽度为 150mm 以上，长度最短应超过窗口宽度 300mm，窗口两侧各超出 150mm，最长可与墙体通长。窗帘盒的制作基层使用木芯板，饰面应用窗套同材质的饰面板饰面。

（3）柜体制作

包括衣柜、书柜、储物柜、电视机柜等木制作部分。

柜体制作施工流程：根据设计图纸定位弹线→下料→柜体拼装→柜体固定→安装抽屉、五金件→细节调整→成品保护。

柜体制作施工要点：

图 3-77 柜体的制作　　　　　　　　　　　　图 3-78 柜体的制作

①下料时必须充分考虑材料的合理使用，应先开大料，再开小料，最后利用边角余料；柜体的长度、高度超过 2400 mm 时，柜子采用合金推拉门，并考虑其上下轨道和抽屉的安装位置。

②柜体拼装时，板材的内贴面粘贴必须平整，无起泡、损坏的现象，柜体的竖板咬口必须在正面，横板的咬口在反面。安装背板前，检查对角线是否相等，一般采用九厘板做背板。

③柜体固定：隔墙柜的背面先用 30mm×40mm 的木方，其间距不得大于 300mm×300mm 的龙骨架，再将石膏板固定在龙骨架上，龙骨架内应添加隔音棉，保证隔音效果。靠墙柜应离墙 20mm，新砌墙体应在背面加贴一侧层防潮膜，防止柜体吸潮而发霉。（图 3-77、图 3-78）

木制工程除了以上介绍的种类，还包括轻质隔墙工程，木门窗套制作、暖气罩、木护墙板、木墙裙等，其制作工艺都应根据图纸设计要求以及制作规范来施工制作，并符合国家现行标准规范。

5. 涂饰工程

住宅内部水性涂料、溶剂型涂料和壁纸涂饰工程的施工。涂饰工程应在抹灰、吊顶、细部、地面及电气工程等已完成并验收合格后进行。涂饰工程所用腻子的粘结强度应符合国家现行标准的有关规定。混凝土及水泥砂浆抹灰基层，满刮腻子、砂纸打光，表面应平整光滑、线角顺直。纸面石膏板基层，应按设计要求对板缝、钉眼进行处理后，满刮腻子、砂纸打光。清漆木质基层，表面应平整光滑，颜色谐调一致，表面无污染、裂缝、残缺等缺陷。调和漆木质基层，表面应平整，无严重污染。金属基层，表面应进行除锈和防锈处理。在基层处理完好的基础上，再对墙面和家具进行乳胶漆、油漆及壁纸的饰面制作。其工艺制作要按照国家现行的规范进行操作。

（1）木制油漆施工工艺流程（图 3-79、图 3-80）

①清漆施工工艺：清理木器表面→磨砂纸打光→上润泊粉→打磨砂纸→满刮第一遍腻子，砂纸磨光→满刮第二遍腻子，细砂纸磨光→涂刷油色→刷第一遍清漆→拼找颜色，复补腻子，细砂纸磨光→刷第二遍清漆，细砂纸磨光→刷第三遍清漆、磨光→水砂纸打磨退光，打蜡，擦亮。

图 3-79 清漆施工　　　　　　　　　　图 3-80 混漆施工　　　　　　　　图 3-81 乳胶漆施工

②混色油漆施工工艺：首先清扫基层表面的灰尘，修补基层→用磨砂纸打平 →节疤处打漆片→打底刮腻子→涂干性油→第一遍满刮腻子→磨光→涂刷底层涂料→底层涂料干硬→涂刷面层→复补腻子进行修补→磨光擦净第三遍面漆涂刷第二遍涂料→磨光→第三遍面漆→抛光打蜡。

（2）涂刷乳胶漆工艺流程（图3-81、图3-82）

清扫基层→填补腻子，局部刮腻子，磨平→第一遍满刮腻子，磨平→第二遍满刮腻子，磨平→涂刷封固底漆→涂刷第一遍涂料→复补腻子，磨平→涂刷第二遍涂料→磨光完活。

（3）墙纸、墙布主要工艺流程（图3-83）

清扫基层、填补缝隙→石膏板面接缝处贴接缝带、补腻子、磨砂纸→满刮腻子、磨平→涂刷防潮剂→涂刷底胶→墙面弹线→壁纸浸水→壁纸、基层涂刷粘结剂→墙纸裁纸、刷胶→上墙裱贴、拼缝、搭接、对花→赶压胶粘剂气泡→擦净胶水→修整。

6. 安装工程

在主体改造工程、水电工程、木工工程、泥工工程以及涂饰工程完成并验收后进行。主要包括对地面进行实木地板、复合地板、地毯的安装，开关、插座、灯具的安装，橱柜、成品门、洁具、五金件、窗帘等安装制作工程（图3-84~ 图3-87）。因居住空间的安装工程项目较多，其施工流程及工艺本书在此不做详细的介绍。

图3-82 滚筒刷

图3-83 墙纸工程

图3-84 实木地板地垄安装

图3-85 复合地板安装

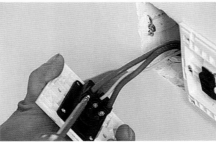

图3-86 插座安装

图3-87 地毯安装

第四章　居住空间软装饰设计

教学目标：

通过本章学习，使学生了解居住空间设计中软装饰的概念、设计风格及布置原则，掌握软装饰中家具、装饰织物、灯饰以及陈设品等设计元素的设计及布置方法。

教学内容：

1. 软装饰概念
2. 居住空间软装饰的设计风格
3. 软装饰设计的布置原则
4. 软装饰的设计元素

教学重点：

掌握软装饰设计的布置原则，以及各个设计元素的设计及布置方法。

教学实践：

让学生进行市场调查，了解家具、装饰织物、灯饰以及陈设品的样式风格。

第一节　软装饰概述

一、软装饰概念

家居"软装饰"是相对于建筑本身的硬结构空间提出来的，是指在居住空间功能性的"硬"装修之后，除了家居中固定的、不能移动的装饰物之外的（如地板、顶棚、墙面、建筑造型等），利用可移动位置、便于更换的装饰物（如家具、窗帘、床上用品、灯饰、日用品、工艺装饰品等多种陈设品），对家居内空间或装饰的再创造。"软装饰"可以根据居室整体风格，空间的面积大小、形状，以及主人的生活习惯、性格爱好等，从整体上综合策划装饰装修设计方案，体现出主人的个性品位。现在的家居装修中的软装饰设计不容忽视，它可以随时更换，更新不同的元素，不同季节可以更换不同的颜色、风格的窗帘、床罩、地毯、挂画、绿植等元素。一幅画或装饰陈设品的点缀和衬托都能体现居者的品位及个性，突出家居的风格，美化、装饰空间环境，使居室环境更温馨。（图4-1~图4-6）

二、居住空间软装饰的设计风格

家居软装饰设计风格是指居住空间内软装饰陈设所营造出来的艺术品格，家居软装饰的风格主要有欧式风格、中式风格、现代简约风格和田园风格。

1. 欧式古典风格

欧式古典风格家居软装饰能给人一种华丽、高雅、金碧辉煌的感受，其格调华美而不显张扬，高贵而又活泼自由，在造型设计上讲究对称手法，体现出装庄重、典雅、大气的特点。欧式古典风格的家居软装饰的装饰样式大多喜欢以纵向装饰线条为主，多运用蕾丝花边垂幔、人造水晶珠串、毛皮、欧式人物雕塑、

57

图 4-1

图 4-2

图 4-3

图 4-4

图 4-5

图 4-6

图 4-7

图 4-8

图 4-9

图 4-10

罗马窗帘、烛台、油画、壁画、金属色画框、波斯纹样地毯、水晶灯、欧式家具等装饰物，都能完美呈现其风格，满足人们对浪漫舒适的生活的追求。图案纹饰运用烦琐的装饰造型纹饰，多以简化的卷草纹、植物藤蔓等装饰突出一种华美而浪漫的氛围。（图 4-7~ 图 4-10）

2. 中式风格

中式风格的家居软装饰具有庄重、优雅双重品质，以中国传统文化为基础，崇尚自然情趣，富于变化，总体布局对称均衡，讲究空间层次感，注重整体环境的协调、统一，追求安宁、和谐、含蓄而清雅的意境。中式风格的家居软装饰设计从造型到图案都表现出端庄和儒雅的气度，家具以明清家具为主，家具材料以木质、石材为主，家具的靠垫用绸、缎、丝、麻等做材料，表面用刺绣或印花图案做装饰，颜色以红、黑或是宝蓝为主调，既热烈又含蓄，还可以绣上"福"、"禄"、"寿"、"喜"等字样，或是龙凤呈祥之类的中国吉祥图案及文字图案。墙面的软装饰有手工织物（如刺绣等）、中国山水绘画、书法作品、对联等；地面可以铺手织地毯，书房里可以摆上毛笔架和砚台，能起到强化风格的作用；灯具常用木制的造型灯，结合中式传统图案，灯光多以暖色调为主。陈设品常用瓷器、古玩、屏风、博古架、民间工艺品等，风格

古朴自然，显示出居住者的成熟稳重，追求一种修身养性的生活境界。（图 4-11~图 4-13）

3. 现代简约风格

现代风格的家居软装饰没有明显的界限，注重功能性和实用性，以"少就是多"为指导思想，反对过度装饰，追求造型简洁、注重材料的质感与性能，将技术与空间结合，营造出纯净、雅致的空间氛围。常运用几何要素（点、线、面、块）来对家具进行组合，让人感受到简洁明快的时代感和抽象美。材料常用玻璃、不锈钢、塑料等新型的材质，墙面多采用艺术玻璃、简洁的抽象画，窗帘的装饰纹样多以抽象的点、线、面为主，床罩、地毯、沙发布的纹样都是一致的。装饰陈设品具有一定实用性、观赏性和象征性，造型简洁、抽象，崇尚个性及讲究人体工程学。（图 4-14~图 4-17）

图 4-11

图 4-12

图 4-13

图 4-14

图 4-15

图 4-16

图 4-17

4. 田园风格

田园风格家居软装饰讲究优美的线条，柔和的色彩，以清新自然、返璞归真的特点受到家居装修的崇尚与追捧。倡导"回归自然"的设计手法，美学上推崇"自然美"与现代结合的设计理念，力求表现悠闲、舒畅、自然的田园生活情趣。田园风格大多采用原木、石材、藤制品、陶瓷、棉、麻、木、竹等天然材料，呈现出淡雅、清新、纯朴的氛围。可以选择一些田园小碎花等图案的茶垫、抱枕、床品，不需要精雕细琢，都是自然的流露；质朴的纹理和木本色的家具、造型别致的沙发，自然而亲近的印花织物、壁炉、壁灯、藤编工艺品、植物花艺等软装饰，都能营造一种温馨、舒适、质朴的田园风格。（图 4-18~图 4-21）

图 4-18　　　　　　图 4-19　　　　　　图 4-20　　　　　　图 4-21

三、软装饰设计的布置原则

居住空间软装饰有它的准则，要想达到更好的美化、装饰效果，进行设计时可依据居住者的个人喜好围绕着一个主题来进行，将个人喜好与软装饰的风格主题互相融合，其造型、色彩等各个方面与整体环境相协调。家居软装饰陈设的布置受住宅面积、建筑结构等诸多因素的限制，要注重省空间、讲求韵味，色彩单纯而鲜快，软装饰的目的、用料、用色都以单纯为好，并且软装饰的灵活性较强，还可根据居住者的心情以及季节的变化来变换软装饰品。软装饰主要包括以下设计原则：

1. 满足功能的需求，力求舒适实用。居住空间的软装饰是为了满足全家人生活的需要，体现在居住和休息、用餐、储存物品与摆设，阅读写字，会客交往以及家庭娱乐等方面，所以首先是要满足居住与休息的功能要求，创造出一个实用、舒适的室内环境，软装饰的布置应求得合理性与适用性。

2. 布局完整统一。家居软装饰在布置时要根据功能要求与使整个布局统一、协调一致的形式美原则，可根据大小、色彩、位置等合理化地对装饰品进行陈设。软装饰设计的艺术风格和整体韵味，使其主次分明、协调统一，富有层次美感；颜色、式样格调尽量一致，加上人文的融合，进一步提升居住环境的品位。

3. 色调协调统一。色调美是统一中求变化，又在变化中求统一的和谐，软装饰品的色彩都要在色彩协调统一的原则下进行选择，饰品的色彩与居室内的装饰色彩应协调一致。软装饰布置的总体效果与装饰品的造型、特点、尺寸和色彩有关，在整体中点缀些装饰品，以增强空间艺术效果。还要注意色彩的轻重结合，家具饰物的形状大小分配协调，整体布局的合理完善等问题。

4. 软装饰品疏密有致，装饰效果适当。软装饰是为了满足人们的精神享受和审美要求，在现有的空间中达到适当的装饰效果，装饰效果应以大方、舒适、美观为宜，不必过度追求辉煌与豪华。家具是家居软装饰的主要元素，它所占的空间与人的活动空间要配置得合理、恰当，使所有装饰陈设在布局上均衡、疏密相间，在墙面布置上要有对比，切忌堆积、无层次感。

第二节　软装饰的设计元素

家居软装饰主要由家具、纺织品、陈设品以及装饰配套工艺品等装饰物组成，包括摆饰、挂饰、灯饰、壁纸、布艺、花艺等。软装饰的选择和布置，需要和家居的整体风格相协调，起到画龙点睛的作用，否则会适得其反。（图 4-22~ 图 4-25）

图 4-22

图 4-23

图 4-24

图 4-25

家居软装饰的元素概括起来可分为以下三类：

（1）注重功能性的软装饰，以实用目的为主，如家电、家具、餐具等；

（2）注重观赏性的软装饰，如陈设品、挂画、壁饰、花瓶、盆栽、绿化等；

（3）功能及观赏兼有的软装饰，如隔断、窗帘、靠垫、灯具、装饰柜等。

一、家具

家具是居住环境中软装饰陈设的主体，具有实用性和装饰性，有较强的审美功能。主要以形态和质感来体现家具的主要风格，其风格很大程度上能为居室内的装饰风格奠定基调，不同的居室环境要求不同的家具造型，家具配置能反映居住者的文化、性格、爱好、审美情趣，能强化风格，创造气氛、意境。

1. 家具的类型

家具可按其使用功能、制作材料、结构构造特征等方面来分类。

（1）按使用功能分（图 4-26~ 图 4-28）

①坐卧类家具，是各种坐具、卧具，如椅、凳、沙发、躺椅、床等。

②凭倚类家具，是带有操作台面的家具，如书桌、餐桌、柜台、几案等。

③贮存类家具，是存放物品和展示用的壁橱、书架、搁板等。

④装饰类家具，是装饰空间为主的家具，如屏风、装饰柜、隔断、博古架等。

（2）按制作材料分（图 4-29~ 图 4-34）

①木制家具，是由实木和复合木材料构成，有天然的纹理和色泽，具有很高的观赏价值和良好手感，能营造亲切、质朴的空间氛围。

②藤、竹家具，以藤条和竹条编制部件构成的家具，它和木材一样具有质轻、高强和质朴自然的特点，能打造自然、清新的田园风格。

③金属家具，金属材料（如不锈钢管、钢板、铝合金等）制作的家具，简洁大方、现代感强，色彩和质感表现富有现代气息。

图 4-26

图 4-27

图 4-28

图 4-29 木制家具

图 4-30 藤制家具

图 4-31 竹制家具

图 4-32 玻璃家具

图 4-33 塑料家具

图 4-34 软垫家具

④塑料家具，一般采用玻璃纤维加强塑料，模具成型，具有质轻高强、色彩多样、光洁度高、造型简洁的特点。

⑤软垫家具，以布料、皮革、植物等为主要材料的家具。

⑥玻璃家具，以玻璃为主要构件的家具，富有极强的现代感。

（3）按构造特征分

①框式家具，以框架为家具受力体系，再覆以各种面板，连接部位的构造以不同部位的材料而定。（图4-35）

②板式家具，以板式材料进行拼装和承受荷载，用连接件将板式部件接合装配的家具。板式家具严整简洁，造型新颖美观，运用广泛。（图4-36）

③注塑家具，采用硬质和发泡塑料，用模具浇筑成型的塑料家具，有弹性、有趣味。（图4-37）

④充气家具，充气家具的基本构造为聚氨基甲酸乙酯泡沫和密封气体，内部空气空腔，可以用调节阀调整到最理想的状态。（图4-38）

⑤拆装家具，用各种连接件或插接结构组装而成的可以反复拆装的家具。（图4-39）

⑥折叠家具，既能拆动使用又能携带的家具，灵活性强，便于携带，可以随时打开。（图4-40）

⑦曲木家具，以实木弯曲或多层单板胶合弯曲而制成的家具，弯曲自然，线条流畅，造型别致、轻巧美观、经久耐用。（图4-41）

图4-35 框式家具　　图4-36 板式家具　　图4-37 注塑家具　　图4-38 充气家具

图4-39 拆装家具　　图4-40 折叠家具　　图4-41 曲木家具

2. 家具装饰的选择与布置方式

家居软装饰中家具不仅有实用性，更强调其装饰性及观赏性。家具能改善居室的空间环境，弥补空间不足，丰富空间内涵，对空间进行再创造。根据家具的不同体量大小、高低，结合家居空间的结构给予合理的、相适应的位置，起到强化整体风格、装饰居室空间的效果。家居软装饰中的主要陈设是家具，合理地设置家具应考虑以下几个方面：

（1）选择合适的风格。家具与居室装饰的完美融合来自家具风格的准确定位。家具的风格和造型有利于加强居室环境的营造，每一种风格的家具都要和居室内的整体设计风格一致，避免家具的错误匹配。

（2）功能与装饰相结合。居住空间的家具按使用空间的功能分为客厅家具、餐厅家具、书房家具、卧室家具、餐厅家居和厨房家具。由于每一个家庭对家具的喜好和要求均不同，选择家具需根据个人的生活习惯、审美要求和储物空间的大小而定。

（3）选择合适的款式。家具的款式及色彩决定了整个家居空间的格调，选择时需慎重考虑，尽量利用视觉效应来变化房间的大小。家具的结构设计也要合理，避免盲目增大使用空间而忽略结构的牢固性。

家具布置时应根据空间的使用性质及特征，先明确家具的类型和数量，然后确定布置形式，使功能分区合理、流线通畅便捷，从空间整体格调出发，确定家具的布置格局，在满足实用功能的同时，获得良好的视觉效果和心理效应。居住空间软装饰中家具的配置一般采用嵌入式家具和活动家具，嵌入式家具即配合家居的整体设计，将部分家具（如衣橱、吊柜、酒柜、书柜等）嵌入墙体，其风格、色调都须与整体和谐；活动家具布置灵活，如桌、椅、茶几等，可根据家庭的需要进行放置或组合布置，利用家具的陈列效果来点缀有限的空间，给人轻松、流畅、极具观赏的视觉空间效果。

二、装饰织物

在家居软装饰品中，织物的运用非常广泛，它所占的装饰面积很大，往往决定家居软装饰的主调。如窗帘、家具装饰布（台布、沙发布等）、床上用品、客厅与居室地毯、装饰壁毯壁挂、装饰幕帘等都是织物类装饰。织物可以使空间产生文雅、温和感，其色彩、形态、材质丰富多样，可以做窗帘，也可以做椅子、沙发和靠垫外蒙面，或用作床罩和桌布等。

1. 装饰织物的概念和类型

装饰织物是以布为主要材料，经过艺术加工，达到一定的艺术效果与使用条件，满足人们生活需求的纺织品，具有柔和的质感和可清洗或更换的特点，营造出温馨、舒适的空间环境。

软装饰织物包括窗帘、地毯、枕套、床罩、椅垫、靠垫、沙发套、台布、壁布等。（图4-42~图4-45）

隔帘遮饰类：窗帘、门帘、隔帘、帷帐、帷幔等。

床上铺饰类：床单、床罩、被褥、蚊帐、床围、枕套等。

家具蒙饰类：凳罩、椅罩、沙发罩、靠垫、台布、电器罩等。

地面、墙面铺饰类：手工编地毯、机织地毯、簇绒地毯、墙布等。

陈设装饰类：壁挂、灯罩、摆设、艺术欣赏品。

卫生餐厨类：毛巾、浴巾、浴帘、餐巾、餐垫。

（1）窗帘

窗帘是装饰墙面的最大装饰物，它能改变空间内的色调及风格，是居室装修中不可或缺的点缀装饰品。窗帘具有遮蔽阳光、保护私隐、隔声和调节温度的作用，设计时应根据不同空间的特点及光照情况来选择

图 4-42

图 4-43

图 4-44

图 4-45

合适的窗帘。窗帘的隔声效果通常采用有适当厚度的材质，来改善室内音响的混响效果，有利于吸收部分来自外面的噪音，从而达到改善室内声音环境的作用。窗帘的选择有着举足轻重的作用，在不同的区域，对私隐的关注程度又有不同的标准，如客厅是家庭成员公共活动区域，对私隐的要求相对较低，窗帘一般只做装饰作用；而卧室、洗手间等要求有一定私密性的区域，则可选用较厚质的布料。对于光线不好的空间可用轻质、透明的纱帘，以增强室内光感；反之，光线照射强烈的空间可用厚实、不透明的窗帘，以减弱室内光照。

　　窗帘的款式包括拉褶帘、水波帘、罗马帘、卷帘、垂帘、百叶帘、拉杆式帘等。窗帘根据其面料、工艺不同可分为印花布、染色布、色织布、提花布等。印花布的色彩艳丽，图案丰富、细腻；染色布素雅、自然；色织布色织纹路鲜明，立体感强。棉、麻是窗帘常用的材料，易于洗涤和更换，适用于卧室；纱质窗帘装饰性较强，能增强空间的纵深感，透光性好，适合在客厅、阳台使用；绸缎、植绒窗帘质地细腻、豪华艳丽，遮光隔音效果都较好，适合在卧室使用；竹帘纹理清晰，采光效果好，且耐磨、防潮、防霉、不退色，适用于客厅和阳台。（图 4-46~ 图 4-51）

图 4-46　拉褶帘

图 4-47　垂帘

图 4-48　罗马帘

图 4-49　水波帘

图 4-50　卷帘

图 4-51　百叶帘

图 4-52

图 4-53

图 4-54

图 4-55

（2）靠枕

靠枕是沙发和床的附件，可以调节人的坐、卧、靠姿势，使人能获得更舒适的角度来减轻疲劳，具有其他物品不可替代的装饰作用。靠枕使用方便、灵活，广泛运用于卧室的床上、沙发上；有时候在地面上，还可以利用靠枕来当做座椅。靠枕的装饰作用较突出，通过靠枕的色彩与质感能使室内陈设的艺术效果更加丰富多彩，活跃和调节环境气氛。靠枕的形状多以方形、圆形和椭圆形为主，还可以做成莲藕、糖果或动物、人物、水果及其他有趣的形象。靠枕的饰面织物选材广泛，有棉、麻、丝、绒布、锦缎、尼龙等，采用印花、提花和编制等制作手法，图案自由活泼，装饰效果强，内芯一般用海绵、泡沫塑料、棉花或碎布等充填。靠枕的选择应参照沙发的样式或床罩的样式，也可以独立成章，如素色沙发可选用亮丽、色彩丰富的靠枕；艳丽的则可选用单色的靠枕，起到调节色彩、丰富空间的作用。（图 4-52~图 4-55）

（3）地毯

地毯是铺设类织物制品，是以棉、麻、毛、丝、草等天然纤维或合成纤维类为材料，经手工或机械工艺进行编结或纺织而成的地面铺设品。地毯不仅视觉效果好、艺术美感强，还能以其紧密透气的结构，起到良好的隔音、吸收噪声、保暖、调湿的效果，创造安宁的居室气氛。地毯作为软性铺装材料，相对大理石、瓷砖等硬性铺装材料，不易滑倒磕碰，而且脚感舒适，既能柔化空间又能起到安全的作用。另外，地毯的图案丰富、色彩绚丽、造型风格多样化，能很好地美化装饰环境、柔化空间，体现居室的个性。（图 4-56、图 4-57）

图 4-56

图 4-57

（4）床上用品

床上用品一般是摆放于床上，供人在睡眠时使用的物品，包括床单、被套、床罩、枕套、毯子等。为了营造舒适的休息及睡眠环境，床上用品的选择尤为重要，将居室内的墙面、地面作为床的背景，床单作为枕头、被子的背景，在满足功能的前提下，其形、色、质与居室的其他软装饰组成既丰富多彩又和谐的整体，营造出良好的睡眠氛围。床上用品的面料有棉、麻、真丝、涤棉等材料，涤棉面料多为清淡、浅色调，耐用性能好，但舒适贴身性不如纯棉；真丝面料华丽、富贵，有天然柔光感，强度、弹性和吸湿性较好；纯棉手感好，使用舒适，花型品种变化丰富，柔软暖和。（图 4-58～图 4-61）

（5）壁挂织物

壁挂织物是纯装饰性质的布艺制品，主要用于居室空间的装饰和点缀。包括墙布、桌布、挂毯、布玩具、织物屏风和编结挂件等，是体现装饰的造型、色彩，并与空间各饰品紧密结合的艺术表现形式。主要以各种棉、麻、纤维为材料，采用手工编织、刺绣、染色等技术。壁挂织物内容多样、色彩丰富、风格独特，可以调节室内气氛，增添室内情趣，提高整个家居空间环境的品位和格调。（图 4-62～图 4-65）

2. 织物软装饰的选择搭配

居室织物软装饰在整体搭配时，其格调要与居室的整体装饰格调相统一，要与其他装饰相呼应、相协调。选择织物的款式、图案和材质时要参考整体空间和家具的色彩与样式，在进行织物色彩的选择时，要结合家具的色彩确定一个主色调，使居室整体的色彩、美感协调一致。若居室整体空间和家具的样式

图 4-58

图 4-59

图 4-60

图 4-61

图 4-62

图 4-63

图 4-64

图 4-65

较简洁，色彩朴素，则可以选择款式和花色丰富的织物装饰来提亮空间，防止单一感。对于悬挂织物的尺寸也需准确，像窗帘、帷幔、壁挂等悬挂的织物饰品的面积大小、尺寸长短、款式等都需与居室的空间、悬挂的立面的尺寸相匹配。铺饰类织物如地毯等，也应与居室地面、家具的尺寸相和谐，地面多采用稍深的颜色。在面料质地的选择上，要与织物饰品的功能相统一，充分利用织物的质感对空间进行软化。如：装饰客厅可以选择华丽优美、质感光泽的面料，装饰厨房可选择结实易清洗的面料等。织物装饰的色调、花型还可以调节空间视觉效果，如面积较小的空间可以选用色调自然的条纹布作装饰，能起到延伸卧室空间的效果；如使用颜色深、图案大又多的织物，可以使空间有收缩感；使用颜色浅、图案小又少的织物，可以使空间更开阔、更舒展。

三、灯饰

家居软装饰的灯饰设计是指在居室内对灯具进行的样式设计及风格的搭配，用于照明和装饰的灯具设计。灯饰不仅是作为照明工具，还肩负着装饰家居的作用。灯饰以其优美的造型、色彩、图案及艺术效果和居室内的装饰融合成一体，给家庭生活带来温馨、舒适的气氛，通过灯饰独特的造型样式及多光源的照明方式来丰富空间层次。灯饰品种极为丰富，灯饰的风格多样、形式多变，不同的风格能呈现不同的特点，选择灯饰布置空间时，不能只局限于观赏，而是它的样式、材质和光照度都要和家居环境内的功能和装饰风格相统一，整体效果相协调，要根据居室部位的使用功能科学地选择合适的灯饰。

1. 灯饰设计的类型

各种款式、各具功能的艺术灯饰的出现让我们的生活呈现出无穷魅力，按材质分有水晶、云石、玻璃、铜、锌合金、不锈钢、压克力（塑胶和塑料）灯等；按风格分有中式、欧式、现代及田园风格等；按种类分有吊灯、落地灯、台灯、壁灯、吸顶灯和筒灯等。

（1）吊灯

吊灯是悬吊在天花板上的灯具。吊灯的样式丰富，选择时应与居室的整体风格相协调，有欧式烛台吊灯、中式吊灯、水晶吊灯、时尚吊灯、束腰罩花灯等。吊灯是最常用的直接照明灯具，是体现居室氛围的重要陈设，不同样式、风格的吊灯能体现不同的氛围，如做工精致、造型复杂的水晶吊能能显示居室的高贵华丽品质；现代时尚吊灯能体现个性、简洁、清爽的氛围；藤编、木质的吊灯又能体现出休闲、自然的氛围。一般卧室、餐厅常用单头吊灯，客厅用多头吊灯。吊灯的特点是引人注目，因此吊灯布置在客厅其风格能直接影响整个客厅的风格。（图4-66~图4-69）

图 4-66 　　　　　图 4-67 　　　　　图 4-68 　　　　　图 4-69

（2）落地灯

落地灯是一种放置于地面上的灯具，其作用是近距离照明和营造居室气氛。落地灯常用作局部照明，移动便利，能营造角落气氛，适合阅读等需要精神集中的活动，一般放在沙发拐角处。落地灯的灯光柔和，也有带小台面的落地灯，可以把固定电话等放置在小台面上。另外，落地灯的灯罩材质种类也十分丰富，落地灯的灯罩下边应离地面1.8米以上。（图4-70~图4-72）

（3）吸顶灯

吸顶灯是安装在天花板面上，通过天花板的反射对居室进行间接照明的灯具，安装简易，款式简单大方，能赋予空间清朗明快感。吸顶灯的造型、色彩、材料和组合方式丰富，选择范围广泛，可根据使用要求、顶部结构构造及居室整体风格的审美要求来考虑。吸顶灯主要有白炽和荧光吸顶灯两种，吸顶灯常用的有方罩吸顶灯、圆球吸顶灯、尖扁圆吸顶灯、半扁球吸顶灯、小长方罩吸顶灯等，适合于客厅、卧室、厨房、卫生间等处照明。吸顶灯的灯罩材质一般是塑料、有机玻璃等。（图4-73、图4-74）

（4）台灯

台灯是放置在书台或茶几上，用于辅助照明的灯具，同时还可以营造空间氛围。它的功能有装饰台灯和工作台灯，一般客厅、卧室等用装饰台灯，书房的工作台、学习台作为供阅读之用的照明灯光是工作台灯，一般用节能护眼台灯。台灯的材质有陶灯、木灯、铁艺灯、铜灯等。（图4-75、图4-76）

（5）壁灯

壁灯是安装在墙上，用于辅助照明的灯具，壁灯适合于卧室、卫生间照明。壁灯本身的高度，大型的450~800mm，小型的275~450mm，壁灯的安装高度，其灯泡应离地面不小于1.8m。壁灯有悬臂式和固定式两种，壁灯造型多样，铁艺锻打壁灯、全铜壁灯、羊皮壁灯等都属于中高档壁灯，其中铁艺锻打壁灯广受欢迎。（图4-77、图4-78）

（6）筒灯

筒灯泛指嵌装在天花板内部的隐藏式灯具，嵌顶的灯口一般与天花衔接，向下直射灯光。筒灯一般装

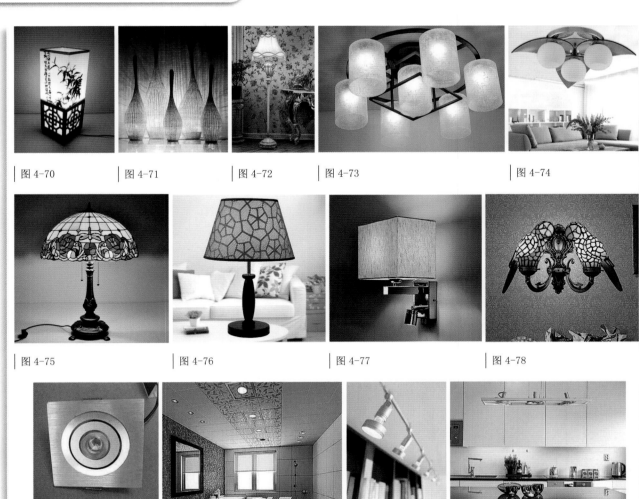

图 4-70　　　图 4-71　　　图 4-72　　　图 4-73　　　图 4-74

图 4-75　　　图 4-76　　　图 4-77　　　图 4-78

图 4-79　　　图 4-80　　　图 4-81　　　图 4-82

设在客厅、卧室、卫生间的周边天棚上，嵌装于天花板内部的隐置性灯具，所有光线都向下投射，可以用不同的反射器、镜片、百叶窗、灯泡来取得不同的光线。筒灯不占据空间，可增加空间的柔和气氛。（图4-79、图4-80）

（7）射灯

射灯可安置在吊顶四周或家具上部、墙内、墙裙里，是典型的无主灯，用于局部照明。射灯光线柔和，能烘托气氛，能变动地营造空间照明氛围。光线直接照射在需要强调的家什器物上，以突出重点层次丰富、气氛浓郁、缤纷多彩的艺术效果。在客厅的顶上或壁上安装小射灯能自主地向各角度照射，射灯不宜过多安装，过多则会形成光的污染，难以达到理想效果。（图4-81、图4-82）

2. 灯饰在家居中的搭配

灯饰具有满足家居空间的照明需要，调和家居气氛，增添家居生活情趣和点缀家居环境的作用，即使灯饰在没有光与影的情况下，也能成为家居装饰中独特的风景。灯饰在家居装饰搭配时其艺术效果应与空间的整体环境协调，应根据不同的房间功能选择不同的灯饰，要充分考虑灯饰的造型、大小、色彩和质感等，体现出居住者的文化品位，增强空间韵律。

客厅是一个多功能空间，是家庭成员活动的中心，也是我们接待客人聚会的场所，灯饰的选择直接关系到客厅空间的整体和谐与品位，所以客厅灯饰需精心搭配。一般客厅的灯饰应选择装饰艺术感比较强，稳定且坚固耐用的灯具，在客厅的中央装置吊灯为主体灯，其他灯具选择落地灯、壁灯、投射灯等，如在沙发边可放置落地灯，为聊天营造亲切的氛围。卧室是睡觉休息的地方，灯饰要以温馨、恬静、舒适为主，要尽量避免采用造型复杂、奇特的灯饰，灯光不能过强否则会眼花缭乱，过暗则会带来压抑感。卧室的灯光需柔和，最好选用暖色，使房间充满情调和温馨感。一般悬挂顶灯为主灯，在床头装置壁灯或台灯，在需要增加照度的地方还可装置落地灯。

书房是家庭成员工作和学习的场所，要求照明度较高，以明亮、柔和为原则，一般采用局部照明的灯具。灯饰造型以简洁为主，不宜过于华丽，一般有简单的主体照明，书桌上放置台灯，书橱内可装设小射灯，以创造出一个宁静、舒适的环境。餐厅是一家人用餐的地方，灯饰的搭配更注重的是营造进餐的情调，应尽量选择暖色调以增强食欲，烘托温馨、浪漫的居家氛围，一般在餐桌的正上方配置灯具，可选择吊灯作主光源，再配上壁灯作辅助光。 厨房的灯饰应选用易于清洁的类型，一般采用吸顶或吊灯作主要照明，还在操作台的上方可装置嵌入吸顶灯，并宜与餐厅的照明光源色性相一致或近似。由于厨房的油烟和水汽比较重，灯饰应选造型简洁且易拆洗的材质，如塑料和玻璃为佳。

四、陈设品

软装饰陈设品是家居空间内的摆设饰品，既有观赏价值又能体现居住者的艺术品位，必须和居室内的其他装饰陈设相互配合。陈设品的内容十分丰富，形式也多种多样，它对居住空间内形象的塑造、气氛的表达、环境的渲染起着锦上添花、画龙点睛的作用。

1. 软装饰陈设品的类型

陈设品一般分为装饰陈设品和实用陈设品，装饰陈设品具有观赏品味价值，本身没有太大的实用功能，可增添空间的情趣，陶冶人的情操，主要包括艺术品、工艺品、纪念品、收藏品、观赏性植物等。而实用陈设品既有实用价值又有观赏价值，包括茶具、餐具、生活用品等。两者各有特点，不能代替，要将实用陈设品化转成具有观赏价值的艺术品，需进行艺术加工和处理。

（1）艺术品和工艺品

艺术品可以改善居室空间的视觉感受，填补空间，包括绘画、书法、摄影、雕塑等，是最普及、最丰富的居室陈设品，有极强的审美价值和艺术欣赏价值。绘画有中国画、西洋画、工艺装饰画、民间绘画等，传统的中国画陈设表现形式有条幅、中堂、扁额等。所用的材料也丰富多彩，如有纸、锦帛、木刻、竹刻等，十分讲究，是一种高雅装饰艺术品；民间绘画具有鲜明的地方特色、浓郁的生活气息以及朴实的表现风格。雕塑有瓷塑、钢塑、泥塑、竹雕、石雕、晶雕、木雕、玉雕、根雕等，内容丰富，是常见的居室陈设品。例如中式风格的家居可选择中国传统的绘画、书法作品、盆景、根雕艺术品等；欧式风格的家居可选择油画作品等。艺术品的布置既要注意其造型色彩、比例尺度与空间内的关系，也要注意艺术品的内涵和居室风格相协调，否则会破坏居室空间的气氛和意境。

工艺品的种类繁多，有纯观赏性的工艺品和具有审美价值的日用品。工艺品有竹雕、木雕、草编、藤编、石雕、泥塑、陶瓷等，有些本身就是属于纯装饰性的物品，如泥塑等；还有民间工艺品如剪纸、刺绣等。工艺品的设计新颖、造型独特，巧妙运用天然纹理图案，格调高雅。木雕的造型丰富，形状动态婉转、流畅，极富有装饰性。竹编是一种用竹篾编制的工艺品，可以编结成各种精巧的生活用品，如竹篮、果盒、门帘、扇子、屏风等。草编是利用草编制成各种生活用品，如提篮、杯套、盆垫、帽子、拖鞋和枕、席等，也可以将草染成各种颜色来编织各种图案或装饰纹样，既经济实用，又美观大方。竹编和草编感觉质朴、清新、自然，可以有效地增添居室环境的自然气息。

　　陶瓷集艺术性、观赏性和实用性于一体，是非常受欢迎的陈设装饰品。装饰性陶瓷主要用于摆设，造型丰富，有传统造型，也有现代或个性化造型，如花瓶，各种动物、人物雕塑品等；观赏和实用相结合的陶瓷品如陶瓷碗、陶瓷杯等陶瓷生活用品。泥塑是在泥坯上加彩绘而制成的民间工艺品，居室中摆设的泥塑其内容和形式能反映出居住者的情趣和艺术修养，泥塑放置的数量可多可少，如数量较多可将大部分泥塑放置在书橱或博古架中，以避免散乱感。（图4-83~图4-88）

图 4-83

图 4-84

图 4-85

图 4-86

图 4-87

图 4-88

　　（2）生活日用品

　　生活日用品是指生活中使用的物品，主要包括室内环境中的餐具、茶具、文具书籍、家用电器与各种贮藏及杂饰用品（如牙膏、脸盆、衣架、卫生纸等）。餐具是就餐时所用的器皿和用具，餐具有金属器具、陶瓷餐具、茶具酒器、玻璃器具、盘碟和托盘等用途各异的各种容器用具。材料以陶瓷、金属、玻璃和木质为主，餐具的颜色能与不同色调的家居环境相适应，如色彩明快的餐具，它可以给生活增添一份温馨和浪漫。一些造型美观、工艺考究的餐具还能调节人们在进餐时的心情，突出居住者的审美品位和生活态度。酒具包括盛酒的容器和饮酒的饮具，甚至包括早期制酒的工具。茶具是饮茶用的器具，包括茶杯、茶壶、茶碗、茶盏、茶碟、茶盘等。茶具的主要材料有陶、瓷、紫砂、竹木、玻璃等，瓷器茶具主要有青瓷茶具、白瓷茶具、黑瓷茶具和彩瓷具，既能作为饮具，又颇具艺术欣赏价值，也能成为日常生活中的节庆礼品、收藏品等，其装饰作用已远远超过一般日用品。茶具、酒具和咖啡饮具，它们既可在人们品茶、饮酒及喝咖啡时使用，也能成套地放置在装饰柜中作为观赏器具，利用不同的色彩与质感对比，为居室增添一定的趣味。不同用途的杯器有不同的款式，注重居室生活品位的人，对咖啡饮具和各种茶具的收藏也是另一种装点空间的方法。书籍常摆放在书房、客厅、卧室等场所，它能体现主人的文化修养，陶冶性格情操，是知识分子家庭中最好的陈设品。（图4-89~ 图4-92）

图4-89

图4-90

图4-91

图4-92

2. 陈设品的选择

陈设品作为艺术欣赏的对象，具有鲜明的个性，其选择和布置必须考虑陈设品所适合布置的空间环境，主要是处理好家居中的家具和其他装饰品之间陈设的关系，以及家具、陈设和空间界面之间的关系，陈设品的内容、形式、风格的差别，艺术品格调、表现技术的高低等。陈设品主要是围绕家具来进行布置的，在考虑室内空间的通畅性的同时，还需考虑使用者的需求和爱好。

（1）陈设品风格和功能的选择

陈设品的选择要与居室的风格和空间的使用功能相协调，使室内空间风格统一，不能一味地追求高档或任意堆砌，宁缺毋滥。应根据不同房间的使用性质选择功能相适宜的用品，如书房中的书籍，客厅中的电视音响设备，餐厅中的餐饮具等。一幅画或一件雕塑，它们的线条、色彩，不仅需表现本身的题材，也应和空间场所相协调，只有这样才能反映不同的空间特色，形成独特的环境气氛。

（2）陈设品色彩、造型、尺度和质感的选择

陈设品的色彩、造型、尺度和质感的选择搭配要考虑与整体空间界面及家具的主次关系，要与空间的大小尺度和色调一致。陈设品色彩的选择应首先对空间环境色进行总体的把握，在总体环境色彩协调统一的基础上进行适当的点缀，起到丰富室内色彩环境，打破过分统一和沉闷格局的作用。如空间低、整体色调素雅，可放置颜色鲜艳的陈设品，通过色彩增添空间情趣，突出空间视觉效果。

陈设品造型形式、线条和图案的选择要与室内环境对比和协调，选择比例尺度适宜的陈设品，造型要简洁，若陈设品造型过大，会使空间显得小而拥挤，过小又可能使空间产生空旷感。如大墙面上布置大陈设品会提高整个环境的情调和风格；大墙面上布置小的陈设品能加强视觉效果，可采用群组方式排列。同时要考虑不同材质带来的不同心理感受，在同一空间中宜选择质地相同或类似的陈设品以取得统一的效果，也可以适当加入少量的对比，如光洁的陈设品材质可放在粗犷的界面上起到对比的效果。

3. 陈设品的布置方式

(1) 墙面陈设

墙面陈设一般以平面艺术为主，如书、画、摄影、浮雕等，或将立体陈设品放在壁龛中，如花卉、雕塑等，也可将陈设品设置在墙面搁架上，既不占空间使用面积又装饰了枯燥的墙面。墙面上布置的陈设品常和家具发生上下对应关系，可以是正规的，也可以是自由活泼的形式，墙面和陈设品之间的大小和比例关系十分重要，适当地留出空白墙面的构图方式，能使视觉获得休息的机会，如果是占满整个墙面，则可作为艺

术装修背景。一些特殊的陈设品，还可利用玻璃窗面进行布置，如剪纸窗花以及小型绿化等。（图4-93）

(2) 桌面陈设

桌面陈设包括不同类型和情况，如书桌、餐桌、茶几及储藏柜和组合柜等。桌面摆设一般都选择小巧精致、宜于微观欣赏的陈设品，可以灵活更换，桌面上的日用品常与家具配套购置，选用和桌面协调的形状、色彩和质地，常起到画龙点睛的作用，如餐具的选择要与餐桌的尺度、风格相匹配。（图4-94）

(3) 落地陈设

较大的装饰陈设品，如雕塑、瓷瓶、植物等，以落地的方式布置，家居中一般放置在墙边、出入口旁、角隅或走道尽端等位置，可作为重点装饰，也起到视觉上的引导作用和对景作用，落地陈设布置时不应影响居室的交通流线。（图4-95）

(4) 橱架陈设

橱架陈设是以壁架、隔墙式橱架、书橱、陈列橱等进行展示的形式体现，壁式博古架应根据陈设品的特点，在色彩和材质上起到衬托作用。对于数量大、品种多、形色多样的陈设品，可采用分格分层的搁板、博古架，或装饰柜架进行陈列展示，能达到杂而不乱、多而不繁的视觉效果，如书籍、小饰品等都可用书橱书架进行布置。（图4-96）

图4-93 墙面陈设

图4-94 桌面陈设

图4-95 落地陈设

图4-96 橱架陈设

第五章 居住空间的功能型空间设计

居住空间是家庭居所的全部生活场所，是具有会客、视听、阅读、饮食、休息睡眠、学习、娱乐等功能的空间，在设计过程中需要根据家庭需求及追求而进行空间功能组织，以人的基本需求、生活方式、精神追求等为出发点来进行设计。居住空间按空间的主要功能可分为：群体生活区（包括玄关、客厅、餐厅、书房、休闲室、阳台、通道等），私密空间（卧室、卫生间），家务空间（包括厨房、贮藏室等），如图5-1~ 图5-8所示。

图 5-1 玄关

图 5-2 客厅

图 5-3 餐厅

图 5-4 厨房

| 图 5-5 卧室 | 图 5-6 卫生间 | 图 5-7 书房 | 图 5-8 阳台 |

第一节　玄关设计

　　玄关也叫做斗室、过厅、门厅，现在泛指厅堂的外门，也就是居室入口的一个区域。专指居住室内与室外之间的一个过渡空间，也就是进入室内换鞋、更衣或从室内去室外的缓冲空间，在居住空间中玄关虽然面积不大，但使用频率高，是进出住宅的必经之处。

　　玄关设计是居住环境给人"第一印象"的地方，人进门第一眼看到的就是玄关，它能反映出居住者的文化气质。同时，玄关是家庭进出入的必经之处，需要一定私密性，而现在的户型设计中，有许多是人站在门外便能将室内一览无余，缺乏隐秘性，所以玄关的设计十分有必要。玄关作为过渡性空间，是大门与客厅的缓冲地带，承担着组织空间环境的作用，起到一定的遮掩作用，既可以增强居住者的安全感，还可以弥补建筑空间设计的不足。如对于大门朝向西北或正北方向的住宅，玄关还能起到防风、防尘，保持室内的温暖和洁净的作用。玄关一般面积不大，却关系到家庭生活的舒适度、品位和使用效率。玄关处通常需设置鞋柜、挂衣架或衣橱、储物柜等，面积允许时也可放置一些陈设物、绿化景观等。（图 5-9、图 5-10）

　　玄关设计在形式处理上应以简洁生动、与住宅整体风格相协调为原则。玄关的功能须处理好，否则会造成杂乱感，从而影响人对居住环境的整体空间印象。玄关空间的大小是由其功能决定的，可以通过绝对、相对、象征和弹性等多种风格的设计方法分隔出相对独立的过渡空间。根据玄关空间的尺度，设计相应的更衣及放置物品的架或柜，兼考虑随身携带的物品及雨具，若条件允许的话，还可以设置脱换鞋的座椅和整理容装的镜子。除此之外，玄关设计不但要考虑到照明的效果，还要考虑其开关的位置的方便性、合理性。玄关的装饰可以在柔和的灯光映照下悬挂饰品。（图 5-11、图 5-12）

| 图 5-9 | 图 5-10 | 图 5-11 | 图 5-12 |

第二节　起居室设计

　　起居室是家庭群体生活的主要活动场所，是家人视听、团聚、会客、娱乐、休闲的中心，是居室环境使用活动最集中、使用频率最高的核心住宅空间，也是家庭主人身份、修养、实力、个性和品位的象征，在家居装修中人们越来越重视起居室的设计。起居室设计应具有充分的生活要素和完善的生活设施，如合理的照明、良好的隔音、充分的贮藏和实用的家具等设计。起居室在整个居室环境中处于与各个空间形成协调的连接位置，其视觉造型形式必须考虑以家庭特殊性格和修养为原则，采取相应的风格和表现方式。起居室的装饰要素包含家具、地面、天棚、墙面、灯饰、门窗、隔断、陈设品、植物等，设计时应掌握空间风格的一致性和住宅室内环境的构思一致性。（图5-13、图5-14）

| 图 5-13 | 图 5-14 |

一、起居室的性质

　　起居室是家庭群体生活的主要活动空间，是"家庭窗口"。起居室包含门厅、客厅和餐厅，在狭义上是指客厅。客厅顾名思义就是用来接待客人的空间，在居住空间的布局中，既要注重满足会客这一主题的需要，又要满足客厅作为家庭外交的重要场所，从而显示出一个家庭的个性和品位，所以起居室在空间布局装饰上需要更多地突出其作为家庭活动中心的功能，来反映家庭生活起居的真实面貌。

　　起居室在整个居住空间中相当于交通枢纽，起着联系卧室、厨房、卫生间、阳台等空间的作用。在布局设计上常与门厅餐厅相连，而且应选择日照最为充实，最能联系居室外自然景物的空间位置，以营造伸展、舒坦的心理感觉。为了配合家庭各个成员活动的需要，在空间条件允许的情况下，可采取多用途的布置方式，设置会谈、音乐、阅读、娱乐、视听等多个功能区域。动静分离在起居室的设计中也起着至关重要的作用，这是住宅舒适度的标志之一，既要舒适又要体现主人的审美情趣，还要同其生活方式相符。

二、起居室的功能区域

　　起居室中的活动多样，其功能是综合性的，可划分为会客区、就餐区、学习区等，在满足多功能的同时应考虑到各个功能区域间的局部美化，使整体空间相协调，营造空间舒适便捷、充实丰富、亲切温馨的居住环境氛围。

　　1. 家庭聚谈休闲区域

　　家庭聚谈休闲是起居室的核心功能部分，因此该功能一般安排在起居室的中心位置，以象征此区域为居室中心。家庭的团聚围绕电视机展开休闲、饮茶、谈天等活动，形成一种亲切而热烈的氛围，通常运

用一组沙发或座椅的围合形成一个适宜交流的场所。（图5-15）

图5-15 家庭聚谈休闲区域

2．会客区域

起居室兼顾客厅的功能，是家庭对外交流的场所，也是一个家庭对外的窗口，因此在布局上要符合会客的距离和主客位置上的要求，在形式上要创造适宜的气氛，同时要体现出家庭的性质及主人的品位，达到对外展示的效果。会客空间可以和家庭谈聚空间合二为一，也可以单独形成亲切会客的小场所，围绕会客空间可以设置一些家具、灯具、植物花卉、艺术陈设品以调节气氛。（图5-16）

3．视听区域

现代视听装置对起居室的格局有一定要求，电视机的位置与沙发座椅的位置要协调，同时与窗户的位置也要考虑，要避免逆光以及外部景观在屏幕上形成反光。有的家庭中在起居室放置钢琴、卡拉OK等音响设施，就对其位置、布局以及与家居的关系提出了更加细致的要求。音响设备的质量、音箱的摆设位置对居室听觉质量有着关键作用，其设计的成功与否影响整个室内的听觉质量。（图5-17）

4．娱乐区域

起居室的娱乐活动主要包括棋牌、卡拉OK、弹琴、游戏等休闲活动。根据主人的不同爱好，在布局中考虑到娱乐区域的划分，根据不同娱乐项目其各自的特点，以不同家具布置和设施来满足娱乐的需求。如卡拉OK处可以设立沙发、电视等，使空间具备多功能的性质。棋牌娱乐需要有专门的牌桌和座椅，对灯光照明也有一定的要求，一般它的家具布置可以和餐桌餐椅相结合的形式，也可根据实际情况来处理。起居室游戏区的情况相对复杂些，可以根据具体种类来决定它所占面积大小和区域位置。（图5-18）

5．阅读区域

在家庭空间中阅读往往是没有明确目的性的，时间规律很随意很自在，因而不必在书房进行；这部分区域在起居室中存在的位置可不固定，往往随时间和场合而变动。同时，阅读场所可根据使用者的习惯以及时间不同有所变化，但其对照明、座椅以及存书设施的要求也是有一定的规律的。在起居室设计阅读区域时需要准确地把握分寸，以免把起居室设计成书房。（图5-19）

图5-16 会客区域

图5-17 电视视听区

图5-18 娱乐区域

图5-19 阅读区域

三、起居室的空间划分方式

起居室作为家庭成员每天生活的共同空间，也作为待客的主要领域，其设计总是家居装修的最重要之处，作为一个需要规划完善的大空间，起居室的空间各组成部分之间的关系主要是通过分隔方式来体现的。

1. 硬划分

这种划分方式主要是以隔屏、透空式的高柜、矮柜、不到顶的矮墙或透空式的墙面来分隔空间，使每个功能性空间相对封闭，并能从大空间中独立出来。但这种划分方式通常会产生减少空间使用面积的问题，给人凌乱、狭窄的感觉，一般采用推拉门等装饰手段来区分各个空间。

2. 软划分

（1）利用不同的装饰材料

运用各种不同材料的特性、质感、色泽等来进行分隔空间，如可以巧妙利用地面装饰材料的颜色、铺装方式或材质的不同等来区别各个功能区。若起居室的空间面积足够大，也可以根据变化墙壁的色彩来区分不同区域，但最好能统一在一个大色调之内，以免给人杂乱无章的感觉。如利用玻璃材质进行起居室的空间划分，能给人明亮、通透、温和光洁的感觉，用它作隔断，在面积较小的居室里，还具有拓展空间的作用。（图5-20、图5-21）

（2）利用家具划分

家具既能分隔空间，又能体现自身的使用价值。在装修设计中常采用家具对空间作二次分隔，利用家具布置来巧妙围合、分割空间，以体现出空间的舒畅和自由感。由于各个功能性分区都有固定的主要功能，所以也都有各自的特色家具，如会客区的沙发、视听柜等，这些各具特色的家具也能起到划分区域的作用。在起居室使用家具分隔成若干部分，使大面积的空间具有很强的节奏和层次变化；也能极大地减少实体墙占用的建筑面积，有效地增加起居室内的实用面积。（图5-22）

图5-20 利用玻璃材料分隔　　图5-21 墙面、地面材质的不同分隔区域　　图5-22 利用家具划分

（3）利用灯光划分

灯光也是起居室空间划分的好方法，起居室的灯光有实用性和装饰性两个功能。通过利用灯具布置对起居室的空间进行分隔，常常与家具陈设相配合；也可以通过利用光的强弱、光的颜色和照明方式来划分空间，不仅能产生强烈突出的效果，还具有特殊的艺术魅力。照明的亮度和色彩是用来区分功能性分区的另外一种手段。通过灯具的设置、光影效果的变化，各个空间都能呈现出别样的风情，以光影演绎自然气息。（图5-23）

（4）利用界面装修手法划分

起居室内各个功能性分区都有它的主要功能，可以利用界面装修手法来区分，利用顶棚、地面、墙面等做水平方向分隔，或者地面基面或顶面的高差变化分隔。利用高差变化分隔空间的形式限定性较弱，只靠部分形体的变化来给人以启示、联想划定空间。利用顶部吊顶的高低变化进行分隔，具有一定的展示性和领域感，空间的形状装饰简单，却可获得较为理想的空间感。例如在整个起居室的大厅中可以做局部区域的吊顶，也可以利用墙壁不同的装饰来区分空间形成鲜明对比。（图5-24）

（5）利用植物、色彩划分

利用颜色、花架、盆栽等隔成不同区域，这种分隔方式的限定度很低，空间界面模糊，具有象征意味，但能通过人们的联想和"视觉完形性"而感知，侧重心理效应，流动性很强。（图5-25）

图 5-23　　　　　　　图 5-24 顶部吊顶造型处理划分区域　　　　　　　图 5-25

第三节　卧室设计

卧室又被称作卧房、睡房，是供人睡觉、休息的场所，也是消除疲劳，让人放松的地方，属于家居空间中的私密空间。伴随着人们对居住环境要求的不断提高，卧室除了为人们提供睡眠空间之外，还有很多私人起居活动，如看电视、听音乐、阅读、梳妆打扮等日常生活活动。卧室是家居中最温馨、浪漫的地方，设计时不仅要考虑安全感与私密性，还要考虑安静与温度，这是影响卧室舒适度的主要因素。卧室的装修风格多样，在保证卧室的私密性、舒适性的情况下，依据主人的年龄、性格、兴趣爱好等进行规划和设计，利用材料、界面造型、家具配置、灯光造型、色彩及艺术装饰品的设置等表现手法，营造出温馨柔和、宁静稳重、浪漫舒适的空间环境。（图5-26、图5-27）

图 5-26　　　　　　　　　　　　　　　　图 5-27

一、卧室的功能分区

卧室的主要功能即是供人们休息睡眠，除此之外还有梳妆、休闲和储藏等功能，大致可分为睡眠区、梳妆区、储藏区、休闲区。

1.睡眠区：是卧室主要区域，也是整个卧室空间的中心区，应该处于空间相对稳定的一侧，以减少视觉、交通对它的干扰，主要由床和床头柜组成。（图5-28）

2.梳妆区：卧室梳妆活动包括居住者面部美容和衣着穿戴，梳妆台常设置在床的附近，一般以梳妆台为中心，梳妆台安放形式有嵌入式、组合式、自由摆放式。若主卧室兼有专用卫生间，梳妆区可纳入卫生间的梳洗区中，没有专用卫生间的卧室，则可以在卧室设置，主要由梳妆台、梳妆椅、梳妆镜组成。（图5-29）

3.储藏区：是卧室中不可缺少的组成部分，卧室需要储藏衣物、被褥、装饰品等物品，以保持卧室的整洁。储存家具（即衣柜）是储藏区的主体，常用组合式和嵌入式安置。在面积较为宽裕的卧房中，还可考虑设置储存室。（图5-30）

4.休闲区：卧室的休闲区是视听、阅读、思考等休闲活动的区域，主要考虑有些卧室兼有阅览、书写或观看电视等需求，布置时可根据自己的具体需要来选择，配备书桌、书柜、座椅或是休闲双人沙发、电视柜以及良好的照明等。（图5-31）

图5-28　　　　　　图5-29　　　　　　　图5-30　　　　　　图5-31

二、卧室的类型

由于卧室使用者的不同，对睡眠环境的舒适追求也各有不同，设计时需要具体分析，根据各个年龄段的特点来规划，卧室的主要类型有：

1.主卧室

主卧室是住宅主人的私人生活空间，是家居中最私密、最安宁和最具心理安全感的空间，其基本功能有睡眠、休闲、梳妆、盥洗、贮藏和视听等，基本设施有双人床、床头柜、衣橱或专用衣帽间、休息椅、电视柜、梳妆台等。

主卧室不仅是睡眠、休息的地方，而且是夫妇间倾吐衷肠，最私密、亲近的地方。主卧的设计能体现居住者身份，须依据居住者的性格、爱好，考虑氛围的处理，创造温馨舒适、宽逸、典雅、有个性品位的睡眠环境。主卧的主要要求是独立性和私密性，其位置一般设置在家居靠后的位置，且采光度和通风好的房间，尽量远离门厅及客厅，方向朝南或面对景观最佳。主卧比其他类型卧室面积大些，但并非越大越好，面积过大易造成浪费，且过于空旷的空间也不利于营造亲密、浪漫、温馨的效果。其空间面积一般在15~20平方米左右，有的主卧里有卫浴室，则可以将梳妆区域安排在卫浴室里，在空间面积允许的情况下，主卧中还可考虑设置独立的衣帽间和独立的梳妆间。

主卧布置的原则是最大限度地提高舒适性和私密性，布置和材质要突出清爽、隔音、软、柔的特点。

在设置上不需要很豪华，以温馨、简约为主，主卧的地面应具备保暖性，墙壁的装饰宜简洁，主要集中在家具上，床头部分的主体空间可做个性化的装饰，烘托卧室气氛。吊顶的造型要简洁，色彩应统一，以淡雅、温馨的暖色系列为好。灯光照明以温暖的颜色为基调，床头上方可嵌筒灯或壁灯，也可在装饰柜中嵌入筒灯，使室内更具浪漫舒适的温情。（图5-32、图5-33）

图5-32

图5-33

2. 次卧室

（1）儿童房

儿童房是孩子成长和生活的空间，具备睡眠、教育、玩耍、学习和储物的功能，需要科学合理地设计儿童居室，设计时需考虑孩子的成长，创造可弹性的利用空间。由于儿童生性活泼好动，好奇心强，同时破坏性也强，儿童房装饰的首要要求是安全性，还要有充足的照明，明亮、活泼的色调，绿色环保的材料和预留的展示空间。（图5-34~ 图5-37）

图5-34

图5-35

图5-36

图5-37

（2）老人卧室

老年人的卧室装修首先要考虑他们的年岁及身体原因，行动可能不便，设计时需根据老年人的心理、生理和健康的需要，做一些特殊的布置和装饰，营造舒适、安逸、稳定的环境。家具摆设要充分满足老年人活动方便的要求，更注重功能性，交通流线要尽可能宽敞，最好采用直线、平行的布置法。

老年人对睡眠要求最多，对房间的装饰是不做过多的要求，喜欢简约、素雅为主，房间窗帘、卧具多采用中性的暖灰色调，需有良好的自然采光并保持良好通风，更多地追求材料的质地与舒适度。（图5-38、图5-39）

（3）客卧和保姆房

有条件的家庭还可设置客房和保姆房，房内设计不需太多装饰，简洁、大方即可。只需具备卧室的基本生活条件，即有床、衣柜及小型陈列台，但都应小型化、造型简单、色彩清爽。（图 5-40）

图 5-38　　　　　　　　　　　图 5-39　　　　　　　　　　　图 5-40

第四节　书房设计

书房又称家庭工作室，是作为阅读、书写以及业余学习、研究、工作的场所，也是修心养性的私人空间。书房的设计能够充分展现出主人的个性和内涵，其空间环境的营造宜体现文化感、修养感和宁静感，形式表现上讲究简洁、质朴、自然、和谐的风格。书房有开放式、闭合式、私人办公室式等形式，书房的家具有写字台、电脑桌、书橱柜等，也可根据职业特征和个人爱好设置特殊用途的器物。书房装饰能体现主人的情趣爱好，风格应以清净、幽雅为主，不宜过多装饰。随着居住空间设计的不断发展，书房由文人著书品茗场所演变成多元化的空间，无论书房如何演变，其作用和设计都能体现出居住者特有的文化品位和审美情趣；同时，书房是人们用来阅读和思考的一个私人空间，其设计需要是安静和较好保密性的空间。（图 5-41、图 5-42）

图 5-41　　　　　　　　　　　图 5-42

一、书房的功能

书房的功能因人而异，主要功能有收藏、工作、读书、休息以及兼有会客交流等。书房一般需保持相对的独立性，并配以相应的工作室设备，如电脑、绘图桌等，以满足使用要求，对于从事如美术、音乐、写作等的人来说，应以最大程度地方便其进行工作为出发点。书房其功能最大的作用就是在于阅读，对环境的要求较高，人在嘈杂的环境中工作效率要比安静环境中低得多，所以书房的设计首先功能上要求创造静态空间，其次要有良好的采光和视觉环境，使人能保持轻松愉快的心态。（图 5-43、图 5-44）

二、书房的空间布局

书房的空间布局分为工作区、储物区、交流区，其中工作区是空间的主体，为了避免人流和交通的影响，应尽量选择在空间尽端且朝向较好和采光充足的地方。书房布置需配以相应的家具设备，并保持相对的独立性，其设计以舒适、宁静为原则。

1. 书房的空间位置

书房是学习与工作的地方，需要安静的环境。书房的布局应适当偏离家庭活动频率高的空间，往往和主卧室的位置较为接近，甚至可以将两者以穿套的形式相连接。合理的位置则有利于建立良好的工作氛围和环境，从而改善学习的心情，利于思考，提高效率。如果各个房间均在同一层，那它可以设置在门口旁边单独的房间，或私密区的外侧；如果与卧室是在一个套间，为了不影响家人休息，最好不要路经卧室，在外间比较合适。对于总面积较小的家庭，即使没有单独的书房，也可以通过餐厅或小客厅来附加添置，如利用餐厅的一隅，巧妙地添置一个"书房角"，或利用阳台空间设置书房，或利用书柜隔断的方式将空间分隔，也有家庭利用门窗的特殊位置来做书房处理。（图5-45~图5-49）

图 5-43

图 5-44

图 5-45

图 5-46

图 5-47

图 5-48

图 5-49

2. 书房的空间组织形式

书房的空间组织形式与使用者的职业有关，应具体问题具体分析，其布置形式与空间的形状、空间的大小、门窗的位置等有关。书房空间组织形式包括以下几个部分：

（1）工作区，包括阅读、书写、创作等功能。这是书房中心区，应该处在相对稳定且采光较好的位置。这一区域主要由书桌、工作台（架）等组成，所有常用的东西都要保证很方便地拿到。

（2）接待交流区，包括会客、交流、商讨等功能。这一区域主要由客椅或沙发组成；因书房的功能的不同而有所区别，同时又受到书房面积的影响。可以根据需要做成一个会客环境，并通过一些放松的活动来调节节奏，如弹钢琴、浇花等。

（3）储物区，有书刊、资料、用具等物品存放功能的储物区。这是书房中不要缺少的重要组成部分，一般有书柜、书架等，也可以安放那些不常用的设备。

书房家具布置的常用方法有"一"字形、"L"形和"U"形三种。

"一"字形布置，是将写字桌、书柜与墙面平行布置，这种方法能使书房有一种宁静的学习气氛，显得简洁素雅。（图5-50）

"L"形布置，一般是靠墙角布置，将书柜与写字桌布置成直角，这种方法占用面积较小。（图5-51）

"U"形布置是将书桌布置在中间，以人为中心，两侧布置书柜或书架和小柜，这种布置使用较方便，但占地面积大，只适合于面积较大的书房。（图5-52）

图5-50　"一"字形布置　　　图5-51　"L"形布置　　　图5-52　"U"形布置

第五节　餐厅设计

现代家居中餐厅正日益成为重要的活动场所，它是家人进餐并兼作欢宴亲友的活动空间，也可以作为家人朋友聚会娱乐的场所。餐厅能反映出家庭的生活质量，设计时应合理布局，最大限度地利用空间，营造出轻松怡人的进餐环境。设计功能性与装饰性兼备的餐厅，需在整体风格协调的情况下，采用暖色调、明度较高的色彩，具有空间区域限定和营造氛围的灯光、柔和的材质，餐厅必备坚固耐久的家具，以及宜营造舒适、淡雅、温馨并巧妙配置的装饰陈设物，以促进用餐的食欲，烘托餐厅的特性。

一、餐厅的功能分区

餐室是家人日常进餐的主要场所，也是宴请亲友、谈心与休息享受的活动空间。在居住空间都需设立进餐的场所，其开放或封闭很大程度上是由空间面积和家庭的生活方式决定的。餐厅主要有用餐区、展示区、餐厅特区三个分区。用餐区是餐厅的中心，也是餐厅的最重要区域，主要靠餐厅必备家具（餐桌、餐椅）来体现，一般用餐区设在餐厅光线较充足处。展示区可以让餐厅更丰富，常以酒柜、橱柜为中心，展示餐具或酒杯、酒具或摆设装饰品，再加以灯光来渲染，为家居增添文化品位与档次。餐厅特区主要是指吧台，设置吧台需根据住房空间条件、家人的生活方式、用餐习惯、休闲方式等来设计，应着重于实用性，体现其美感。（图 5-53、图 5-54）

图 5-53

图 5-54

二、餐厅的布置形式

根据家居餐厅的位置不同，其布置方式主要有：独立餐厅、与客厅相连餐厅、厨房兼餐厅几种形式。

1. 独立式餐厅

独立式餐厅是最理想的格局，常见于面积较宽敞的住宅，具有独立的房间作为餐厅。从合理需要看，每一个家庭都应设置一个独立餐室，但目前人们的住房面积普遍不大，对于住宅条件不具备设置独立式餐厅的可将起居室或厨房设置一个开放式或半独立的用餐区位。当餐室处于闭合的独立空间，为创造出特殊的就餐气氛，其表现形式便可自由发挥。对于较小的餐厅，家具的摆放与布置还须为家庭成员的活动留出合理的空间。（图 5-55）

2. 客厅中的餐厅

客厅兼做餐厅的形式，是家居空间中最常见的餐厅布置方式，也有很多小户型住房采用客厅或门厅兼做餐厅的形式，用餐区的位置靠近客厅并邻接厨房最为适当，它可以缩短膳食供应和就座进餐的走动线路。与客厅合并的餐厅比较好布置，这种格局的餐厅装饰性重于功能性，但主空间是客厅，两个相连的空间中餐厅的装修格调须与客厅协调统一。客厅兼做餐厅最好用隔断加以分隔，可以采用柱子、家具等艺术形式作区域上的划分，如用壁式家具或屏风、矮柜、花槅做半开放式的分隔。与客厅连在一起的餐厅空间最忌杂乱，为了不破坏整个大空间的清新感，可利用橱柜、吊柜、隔板等的储存收纳功能来放置物品。（图5-56）

3. 厨房中的餐厅

厨房与餐厅同在一个空间，即"厨餐合一"。厨房与餐厅合并布置能充分利用空间，就餐时上菜更快速简单，但是需要注意不能影响厨房空间的烹调活动，也不能破坏进餐空间的气氛。与厨房合并的餐厅布置，若空间面积较大的，可以独立地布置餐桌和餐椅，空间面积小的，可以配上几把折叠的桌椅。最好使厨房和餐厅有自然的隔断或使餐桌布置远离厨具，餐桌上方的照明灯具还可以突出隐形的分隔感。（图5-57）

图 5-55 独立式餐厅　　图 5-56 客厅兼餐厅　　图 5-57 厨房中的餐厅

第六节　厨房设计

厨房是供居住者进行炊事活动、专门处理家务膳食的工作的场所。它是家庭工作中心，负责提供人的身体所需要的营养。其次，厨房是家居生活中活动频繁的区域，噪声、油烟油污、清洗污水等集中在厨房，因此厨房的位置布局应远离卧室、客厅，进入厨房的路径尽可能短。厨房的位置要按照功能和室内的空间分布，宜布置在整个室内近入口处，尽量与餐厅相邻的位置。现代的厨房设计早已从最初简单烧水做饭的基本功能发展成对其人性化的需求。其人性化设计主要从设计的风格、实用功能、空间布局、设备布置、通风、装饰色彩以及采光照明等体现，光线充足、通风良好、环境洁净和使用方便是现代化厨房装修的基本要求，要以功能为主兼顾其他方面进行合理设计。厨房设计首先要注重它的功能性，按人体工程学、烹饪操作程序等组合原则，设计出方便舒适、装修合理的厨房空间。（图5-58、图5-59）

图 5-58

图 5-59

一、厨房的功能

厨房的主要作用是烹饪，兼有洗涤和备餐的功能，此外还具有收藏、储存功能。总的来说可分为服务功能、装饰功能和兼容功能三大方面。其中服务功能是厨房的基本功能，包括烹饪、储藏、备餐以及用餐后的洗涤整理等；厨房的装饰功能，是对厨房设计效果以及整个室内设计风格的补充、完善；厨房兼容功能主要包括可能发生的洗衣、就餐、交际等活动。

在厨房里，要洗涤和配切食品，要有放置餐具、熟食的周转场所，要有存放烹饪器具和佐料的地方，以保证基本的操作空间。一般家庭厨房都尽量采用组合式吊柜、吊架，合理利用一切可储存物品的空间。

二、厨房的基本类型

厨房的基本类型可分为"封闭型"和"开敞型"两大类。

1. 封闭型，是用限定性较高的维护实体如墙体或玻璃等围合起来。典型的封闭式厨房将烹饪过程的效率放在第一位考虑，与就餐、起居等空间分隔开，对视觉及听觉具有较强的隔离性，并具很强的领域感与私密性。由于中国饮食特殊的烹饪方式需要煎、炒、煮、炸，油烟较大，通常厨房大都是封闭式。（图 5-60）

2. 开敞型，是将厨房空间与餐厅合二为一或与客厅空间相邻，且没有任何门挡住。开敞型厨房设计时要注意各个设备点之间的距离在一米左右，避免使用者在厨房操作中的行动路线过长。开敞型厨房灵活性较大，空间的流动性和渗

图 5-60 封闭式厨房

图 5-61 开敞式厨房

88

透性较强，使用方便，且经济适用（图5-61）。开敞型厨房设计要求厨房与客厅的整体风格相统一，否则就会产生整体空间的不和谐。现在越来越流行开敞式厨房，但由于排油烟机并不能排尽油烟，其他空间容易受油烟的"骚扰"，所以开敞式的厨房设计较适合于西方饮食烹饪习惯，一般中式餐饮结构不推荐。

三、厨房的空间布局形式

根据厨房的功能，其布局形式应有足够的操作空间、丰富的储存空间和充足的活动空间。厨房的布局是按照储存和准备、清洗和烹调过程为依据，通常包括三个设备，即炉灶、操作台、和洗涤槽组成一个三角形，另外还需要配备冰箱、排油烟机、热水器、微波炉、碗柜等。

厨房的布局形式有以下几种：

1. "一"字型

"一"字型厨房的布局，即是厨房空间的一侧墙壁上布置家具设备，一般情况下水池置于中间，冰箱和炉灶分布在两侧（图5-62）。这种类型的厨房工作流程是在一条直线上进行，适用于厨房较狭长的空间，使储存、洗涤及烹调区一字排开，贴墙布置以适应空间特点和满足功能要求。在布置时，储存中心的最小净宽要求1500mm以上，最小净长3000mm以上，灶台与水槽之间的台面要尽量长，台面与吊柜之间的空间可放若干狭长的搁物架。

2. "L"型厨房

"L"型厨房的布局，是比较普遍且经济的布局方式，是将储存、洗涤和烹调区依次沿两个墙面转角展开布置。这种布置方式动线短、效率高、设计灵活，橱柜的储藏量比较大，既方便使用又节省空间，适用于厨房面积不大且形状较为方正的空间（图5-63）。这类厨房一般橱柜沿着两面相邻的墙布置，非常适用且高效，清洗中心和烹饪中心要留出一定的台面空间，作为配料准备区，比较难处理的拐角处则可安装一个旋角柜装置。为了保证"工作三角区"在有效的范围内，"L"型厨房最小净宽要求1800mm以上，最小净长3000mm以上，水池和炉灶间的距离在1200~1800mm米，冰箱与炉灶距离应在1200~2700mm，最好不要将"L"型的一面设计过长，以免降低工作效率。

3. "Ⅱ"型厨房

"Ⅱ"型厨房也称走廊型，是将工作区安排在两边平行线上，即是在厨房空间相对的两面墙壁布置家具设备（图5-64）。适用于空间狭长型的厨房，可以重复利用厨房的走道空间，提高空间的作用效率。在工作分配上，将清洁区和配膳区安排在一起，而烹调独居一处，如有足够空间，餐桌可安排在房间尾部。走廊式厨房占用空间最小，有两排对应操作台，令长方形的空间利用得最为充分，中间留一个通道，可以排成一个非常有效的"工作三角区"，通常是将灶台和水槽置于一边，而将炉灶设置在相对的一边，厨房的最小净宽要求2100mm以上，最小净长3000mm以上。水池和炉灶往返最频繁，距离在1200mm和1800mm较为合理，冰箱与炉灶间净宽应在1200~2100mm。

4. "U"型厨房

"U"型厨房的布局，是沿连续的三个墙面布置储存、洗涤和烹调区，洗涤池在一侧，储存和烹调区相对布置，这样能形成较为合理的厨房工作三角形。这种布局方式动线简洁方便、操作面长、储藏空间充足、空间利用充分、距离最短捷且省力又省时，基本集中了"Ⅱ"型和"L"型布局的优点，既适合大面积厨房又适合小面积厨房的布局，是经过分析工作三角的工作程序和步骤及重复次数，优选出来的最佳布局（图5-65）。"U"型厨房的最大特点是厨房空间工作流线与其他空间的交通可以完全分开，避免了厨房内其他空间之间的相互干扰。"U"型厨房的最小净宽要求2400mm以上，最小净长2700mm以上，U型相对两边内两侧之间的距离应在 1200~1500mm 之间。

5. 岛型厨房

岛型厨房的布局，是沿着厨房四周设立橱柜，并在厨房的中央设置一个单独的工作中心，人在厨房操作活动都围绕这个"岛"进行，令"工作三角"更紧凑高效，面积较大的厨房适合此种布局方式，开敞型厨房大都属于岛型（图 5-66）。此种布局方式适合多人参与厨房之中，能增进家人之间的感情交流和创造活跃的厨房氛围，小岛本身是一个独立操作台，可以用来贮物，安装灶具或水槽，但水管和电路需预先铺在地面下。岛型厨房在住宅中的位置，能给人一种通透感，厨房的位置要距离餐厅最近，可减少家庭使用者来往的走动。此外，厨房应该出入方便，从整个住宅的每个方位到达都顺畅。

无论是单独的操作岛还是与餐桌相连的岛，边长不得超过 2700mm，岛与橱柜中间至少间隔 900mm，水槽、冰箱和灶台这个"工作三角"的边长可根据厨房的大小和形状而有所不同。如果距离太远，从厨房的一端往返于另一端费时费力；如果间距太近，则会觉得拥挤不适。为了节省时间和体力，要按各项任务在三个中心依次进行，不要颠倒先后顺序。

图 5-62 "一"型厨房

图 5-63 "L"型厨房

图 5-64 "Ⅱ"型厨房

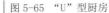

图 5-65 "U"型厨房

图 5-66 岛型厨房

第七节　卫生间设计

卫生间是家庭的洗理中心，在现代家居空间中卫生间不仅为人们提供生理卫生的需求，也是体现一个住宅卫生、安全、舒适的重要因素。它是多样设备和多种功能聚集的家庭公共空间，是私密性要求较高的空间。卫生间设计和施工安装必须符合一定的规范要求。卫生间的设计基本上以方便、安全、易于清洗及美观得体为主，无论在空间布置上还是材料的运用、色彩的搭配、灯光布置、洁具等设计方面都需要实现家居卫生间的人性化设计。（图 5-67、图 5-68）

图 5-67

图 5-68

在新型的家居设计中，由于卫生间功能的不断增加和其使用的频繁性，它已由最早的一套住宅配置一个卫生间（单卫）到现在的双卫（主卫、客卫）和多卫（主卫、客卫、公卫）。主卫是供户主使用的私人卫生间；客卫是为满足来访者和其他家庭成员的使用所设置的卫生间；公卫是为了显示现代家庭对个人隐私的尊重所设置的第二客卫。现代卫生间力求在功能、布置等合理的同时，要考虑人的情感因素，使人舒适、放松。由于卫生间是家庭使用频繁的空间，也是清洁卫生要求较高的空间，其设计的好坏直接影响到居民的生活质量，需要在有限的空间内合理地应用面积，提高利用率。而且卫生间容易集聚潮气，就需要时常保持卫生间的干净卫生和通风，以免出现异味、潮虫、发霉。在放置物品时应做好防湿措施，避免受潮，对于卫生间内的物品要常清洗，以免有病菌传染，作为家居最隐秘的地方，应精心对待才能保证家人的健康与舒适。

一、卫生间的功能

卫生间是一个极具实用功能的地方，既拥有洗脸、沐浴、马桶等基本设备，又兼有洗衣、储藏等家务活动。一个完整的卫生间，应具备入厕、洗漱、沐浴、更衣、洗衣、干衣、化妆以及洗理用品的贮藏等功能，具体情况需根据实际的使用面积与主人的生活习惯而定。随着人们对生活的不断追求，卫生间也在不断演化发展，不仅只在洗、浴、厕方便，进一步地发展成休息、放松、舒适等功能要求，这些要求的增加也意味着生活质量的提高。

卫生间一般分为三大功能区，即盥洗区、浴室区、厕所区。盥洗区一般设置在卫浴空间的前端，主要摆放各种盥洗用具，起到洗脸、刷牙、洁手、刮胡须、整理容貌等作用，还时常起到置放脱、换衣服的作用，

图 5-69

图 5-70

图 5-71

图 5-72

图 5-73

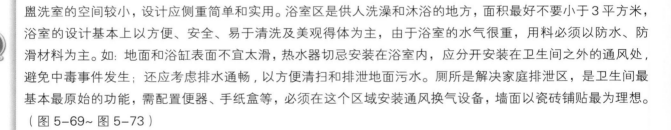

盥洗室的空间较小，设计应侧重简单和实用。浴室区是供人洗澡和沐浴的地方，面积最好不要小于 3 平方米，浴室的设计基本上以方便、安全、易于清洗及美观得体为主，由于浴室的水气很重，用料必须以防水、防滑材料为主。如：地面和浴缸表面不宜太滑，热水器切忌安装在浴室内，应分开安装在卫生间之外的通风处，避免中毒事件发生；还应考虑排水通畅，以方便清扫和排泄地面污水。厕所是解决家庭排泄区，是卫生间最基本最原始的功能，需配置便器、手纸盒等，必须在这个区域安装通风换气设备，墙面以瓷砖铺贴最为理想。（图 5-69~ 图 5-73）

二、卫生间的设计原则

卫生间在家居生活中使用频率非常高，设计得是否合理同样对家居生活质量有着重要影响。在设计时首先要考虑功能使用，然后才是装饰效果，要坚持使用方便的原则，使用频率最高的放在最方便的位置。具体原则有以下几点：

1. 卫生间设计要明确功能分区，使用要方便、舒适。应综合考虑清洗、浴室、厕所三种功能的使用。现代的家居卫生间流行"干湿分离"，有些新式住宅将盥洗和浴厕分成两间，互不干扰，用起来很方便。但是对于一间式的卫生间可以选择用推拉门或隔断分成干湿两部分，这是非常常见、简单且实用的设计方式。

2. 要保证安全。主要体现在以下几个方面：地面应选用防水、耐脏、防潮、防滑材料，以免沐浴后地面有水而滑倒；开关最好有安全保护装置，插座不能暴露在外面，以免溅上水导致漏电短路；通风要好，以免使用燃气热水器沐浴时发生一氧化碳中毒。对家中有老人的在便池和浴缸旁设置扶手，方便老人使用。在卫生间内的一些电器要放置在墙上，不要让小孩子够到；而且洗澡时应先调好温度，浴缸垫要防滑，保障家人的安全，这样才能创造一个健康、安全、人性化的家居卫生空间。

3. 通风采光效果要好。卫生间的装饰设计不应影响卫生间的采光、通风效果，电线和电器设备的选用和设置应符合电器安全规程的规定。应加装排气扇把污浊的空气抽入烟道或排出窗外，如有化妆台，应保证灯光的亮度。

4. 装饰风格要统一。卫生间的风格应与整个居室的风格一致，如果其他房间是现代风格的，那么卫生间最好也是现代风格。卫生间的设计也是体现家装档次的地方，装饰风格应亮丽明快。现在国内大多家庭的卫生间面积都不大，选择一些色彩亮丽的墙砖会有扩大空间的视觉效果，设计时先把握住整体空间的色调，再考虑墙面、地面及天花吊顶材料。

三、卫生间的空间布局

卫生间在住宅中与其他空间位置的布置要合适，卫生间的面积大都较小，一般附设在房间周围，最好与厨房邻近，以便于管线集中，在有条件的情况下可考虑布置双卫，使主卧室拥有相对独立的卫生间。卫生间又具有一定的私密性，其位置不宜正对入口或者直接对起居室开门，卫生间的空间尺度主要以卫具设备的尺寸、设备管道布置及人的活动为依据。

卫生间在空间的划分上可以分为湿区和干区，这样在放置物品时可以避免受潮以及达到良好的通风效果。如果空间允许，洗脸梳妆部分应单独设置，卫生间中洗浴部分应与厕所部分分开，如果不能分开，也应当有明显划分。另外在整体布置时要达到视觉、光线通畅，可以配以一些装饰品及植物等，改善卫生间的视觉舒适度，突出人性化设计。

从空间布局上讲，卫生间大概可分为以下几种布局形式：

1. 独立型卫生间

浴室、厕所、洗脸间等独立的卫生间，称之为独立型，各室可以共同使用，也可减少互相干扰。独立型卫生间的设计好处是使用方便、舒适，在使用时可减少互相的干扰。但是独立型卫生间中厕所、梳妆、浴室、洗涤用品等各自在独立的空间内，它的占用面积较大，建造成本较高。（图5-74）

2. 折中型卫生间

卫生间中的基本设施，部分独立放到一处的情况称之为折中型。折中型卫生间在组合布置上比较自由，没有特定的空间划分，把部分独立设备组合到一起，比如洗浴和梳妆的组合、卫生器具和洗衣设备的组合等，以达到空间的节约。

3. 兼用型卫生间

兼用型卫生间也可称为综合性卫生间，它是浴盆、洗脸盆、洗脸池、便器等洁具集中在一个空间中，称为兼用型。布置简单、节约空间，但是这种布置使得一个人就独占了卫生间，影响其他人使用，而且此种类型的卫生间比较潮湿，应注意通风效果。（图5-75）

图5-74　独立型卫生间　　　　　　　　　　　　图5-75　兼用型卫生间

第八节　阳台设计

阳台是接受光照，吸收新鲜空气，进行户外锻炼、观赏、纳凉、晾晒衣物的场所。阳台的设计需要兼顾实用与美观，如果布置得好还可以变成宜人的小花园，让人们感受到在室内不能得到的美感享受，足不出户就欣赏到大自然中最可爱的色彩，呼吸到清新且带着花香的空气。随着居住品质的提高，以晾晒、洗衣为主的传统意义上的阳台，如今已经演变成功能多样、空间变化丰富灵活的观景台、阳光室、健身阳台、储藏室、阳光书房等新阳台。

一、阳台的类型

阳台既有休闲放松又有储物的功能，一般有悬挑式、嵌入式、转角式三类，阳台的类型按功能分为：服务阳台和生活阳台。

1. 生活阳台

是指和生活区相连的阳台，其功能包括：休息、晒太阳、纳凉、观景、养花和养鸟等，大多与起居室相连。此类阳台的设计基本依赖于和它相连空间的设计，可采用统一或对比等设计方法，它与生活区之间多以弹性分隔方式来限定空间。（图5-76、图5-77）

2. 服务阳台

兼具洗衣、贮藏等功能，与厨房或餐厅相连，包括：晾晒、储藏、烹调和料理等。这种阳台对于中国的烹调方式更适于做灶台间，能解决油烟、噪声、气味进入室内的问题，进一步提高厨房的卫生标准，更有利于DK式（厨房餐厅一体化）厨房的实现。（图5-78、图5-79）

图5-76 生活阳台　　图5-77 生活阳台　　图5-78 服务阳台　图5-79 服务阳台

二、阳台的设计种类

一般阳台设计分为内阳台与外阳台两种：内阳台采用铝合金窗或塑钢窗与外界隔离，也是我们常说的封闭式阳台；外阳台向外界敞开，则不封闭。

1. 内阳台

可将阳台装饰成具有专一功能的场所，如装饰为暖房，专供种养花草；或装饰为书房、卧室等封闭阳台。封闭阳台能扩大空间的使用面积，增加居室的储物空间，阳台封闭后可以作为写字读书、健身锻炼、储存物品的空间，也可作为居住的空间，扩大卧室或客厅的使用面积。（图5-80、图5-81）

封闭式阳台具有安全防范的作用，增加安全性；并且封闭阳台多了一层阻挡尘埃和噪音的窗户，有利于挡风、灰尘、雨水、噪音的侵袭，可以使相邻居室更加干净、安静，在冬季还可以起到保暖作用。但是阳台封闭后使居室与外界隔离，就缺少了直接享受阳光、呼吸新鲜空气的平台。

2. 外阳台

最接近自然，人能更好地接触阳光、呼吸新鲜空气、享受自然生活。外阳台在设计时，可以做一些花架，既能种植花草，也能摆放盆景，或者养鸟、养鱼；也能放置座椅供人休闲、聊天。墙地砖的色彩搭配应与外墙协调，地砖、墙砖的规格大小应根据阳台的面积大小来定，要保留地漏。在阳台顶上，可以安装升降式晒衣架，既美观又方便。（图5-82、图5-83）

图 5-80 封闭式阳台　　　　　图 5-81 封闭式阳台

图 5-82 外阳台　　　　　图 5-83 外阳台

三、阳台设计原则

1. 阳台设计需注意防水、排水。阳台的排水主要是阳台窗及地面的防水，阳台窗的防水密封性要好，确保地面有坡度，避免积水渗透进居室。如在设计内阳台时，窗口的下口容易渗水，最好用专用发泡剂密封避免渗水现象产生。阳台排水要顺畅，未封闭的阳台遇到下雨就会大量进水，所以地面装修时要考虑水平倾斜度，保证水能流向排水孔，不能让水对着房间流，安装的地漏要保证排水顺畅。此外，阳台设计要注意保温、隔热、遮阳，也要重视防强光照射，还需预留插座。

2. 阳台的布置要适用、宽敞、美观。阳台的一切设施和空间安排都要切合实用，同时注意要安全与卫生。阳台既要满足人们活动的需求，又要种花草，有时还要堆放杂物，如果安排不当会造成杂乱、拥挤，面积狭小的阳台不应作太多的安排，尽量省下空间来满足主要功能。现在住宅的阳台设计除了通风、透气、采光、纳凉、晒衣、晒物等之外，绿色植物、花卉等能起到装饰阳台的作用，还可在阳台的侧墙上挂置装饰品，以增添舒适感。

3. 阳台的设计需分清主次功能，在现代居住空间中有两个甚至三个阳台，在阳台的装饰设计中就需要分出主次。如与客厅、主卧相邻的阳台是主阳台，功能主要以休闲为主，在装饰材料的使用方面，也同客厅区别不大，墙面和顶部使用的材料品种和款式要与客厅、主卧相符。次阳台一般与厨房相邻，或与客厅、主卧外的房间相通，次阳台的功用主要是储物、晾衣等。有的居室需要为了方便储物，次阳台上可以安置储物柜，以便存放杂物。

4. 阳台的设计要与居室内的风格统一，在统一中求变化。由于功能的区别，可相应地采取不同的设计风格，改变空间的相对独立性，提高空间的层次感，形成内与外、动与静、开敞与封闭的对比。设计时通向阳台的开口尽量要大，利用分隔的弹性保证开敞和通透，使居室内采光和室外观景融为一体，形成一个更为豁亮、宽阔的整体感觉，闭合时又能隔绝外界的干扰，无论是封闭还是开敞式阳台，都能将室内与室外自然联系在一起。（图 5-84~ 图 5-91）

图 5-84　　　　　　　　　图 5-85　　　　　　　　　图 5-86

图 5-87　　　　图 5-88　　　　图 5-89

图 5-90　　　　　　　　　　　　图 5-91

第六章　居住空间设计作品赏析

教学目标：

通过本章的案例分析，让学生了解居住空间设计中的方案设计及其表现形式。

教学内容：

1. 幸福花园精装修设计方案
2. 百灵京都复式户型设计方案

教学重点：

掌握案例分析中的设计方法。

教学实践：

向学生下达课题设计任务书，明确设计方向，按方案设计的步骤及方法，进行施工图及效果图的绘制与表现，最终完成设计任务。

第一节　居住空间设计案例一

案例：幸福花园精装修设计方案——瑞和装饰设计（图 6-1 ～图 6-15）

本项目为某高新技术开发区专为高科技人才量身建造的公共性租赁公寓住宅，该类人群年轻、时尚并富于活力，对生活品质要求较高。该项目的设计风格为现代简约风格，设计中，首先在功能布局上从人性化的角度出发，充分考虑其使用功能，注重各个空间细部的设计，在材料的运用及选择上充分从居住者的角度考虑，打造一个实用、舒适、美观、时尚的居住空间。

双人公寓精装平面 1
Double apartment hardcover plane

双人公寓原始平面方案　　　　双人公寓精装平面方案

幸福花园精装修方案
The Happy Garden refined renovation program

图 6-1 双人公寓平面图

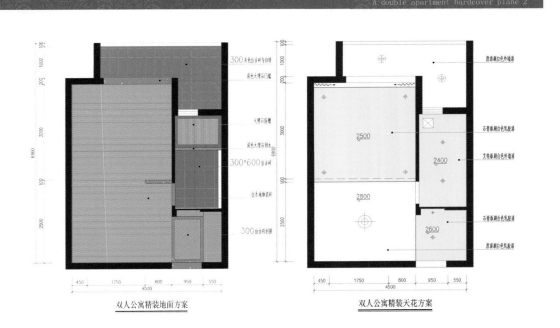

A double apartment hardcover plane 2

双人公寓精装地面方案　　　　双人公寓精装天花方案

幸福花园精装修方案
The Happy Garden refined renovation program

图 6-2 双人公寓地面、天花图

双人公寓

　　本空间在布局上，借鉴酒店式公寓做法，入户处设置玄关鞋柜并充分考虑实用功能，利用屏风将房间分隔成为客餐区和休息区，为满足使用人群需求，可在餐区设置书桌．书柜，在区域不仅可休闲会客用餐，也可读书上网，人性化设置得以体现。

图 6-3　双人公寓效果图

公寓卫生间

　　在工程造价．美观．实用相结合的前提下，天花不再采用铝扣板吊顶而是采用艾特板刷外墙漆。墙面大部铺贴瓷砖局部使用色彩明亮的马赛克点缀，再搭配个性时尚的洗手台。整个卫生间的空间气氛舒适现代。可以顺着轨道左右推的镜子后面设置壁柜既使用又美观，精细化在此体现。

图 6-4　双人公寓卫生间效果图

图 6-5　一室一厅户型平面图

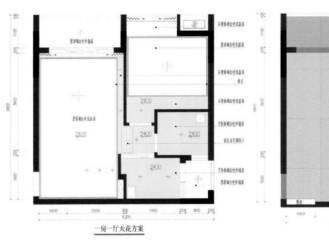
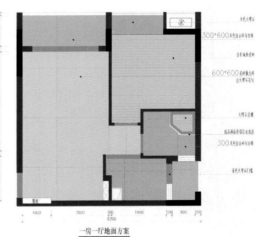

图 6-6　一室一厅户型天花、地面图

一房一厅精装客厅效果
Bedroom hardcover living room effect

一房客厅

　　天花大部在原顶刷白色乳胶漆，周边做石膏板叠及点缀，处理手法简单明了且不缺乏细节墙面均刷色漆，利用不同颜色使空间气氛活跃、温馨，搭配以现代风格家具，打造现代简约风格时尚家居典型。

幸福花园精装修方案
The Happy Garden refined renovation program

图 6-7 一室一厅户型效果图

一房一厅精装卧室效果
Bedroom hardcover bedroom effect

一房卧室

　　天花大部在原顶刷白色乳胶漆，周边做石膏板叠及点缀，处理手法简单明了且不缺乏细节。墙面仅在床头背景做工艺涂料，突出重点且使卧室的气氛不那么单调，地面采用仿复合地板瓷砖，使卧室温馨且坚固耐用。

幸福花园精装修方案
The Happy Garden refined renovation program

图 6-8 一室一厅户型效果图

二房一厅原始平面方案

二房一厅精装平面方案

幸福花园精装修方案
The Happy Garden refined renovation program

图 6-9 二室一厅户型平面图

二房一厅精装地面铺装方案

二房一厅精装天花方案

幸福花园精装修方案
The Happy Garden refined renovation program

图 6-10 二室一厅户型地面、天花图

两房客厅

　　天花局部重点石膏板吊顶，使空间高低层次错落有致，灯带外加筒灯让灯光效果丰富。在墙面的处理上，以电视背景以及玄关鞋柜处漆来突出重点，色彩关系更加丰富，空间气氛更加温馨……

图 6-11　二室一厅户型客厅效果图

两房次卧室

　　天花做法延续客厅风格，墙面同样色漆处理主要墙面，地面任然采用仿木地板瓷砖。榻榻米的设计使原本窄小的活动空间变得宽松了起来，榻榻米下设置抽屉，增加增加储藏功能。书桌与墙面挑板的设置使本空间可兼书房与卧室多重功能……

图 6-12　二室一厅户型卧室效果图

厨房效果

　　天花采用艾特板刷白色外墙漆处理，节约投资成本的同时使空间感觉更加现代。白色墙砖搭配整订制体橱柜，既简单实用又温馨自然。地面采用仿古砖勾缝拼贴，提升档次且使整体色彩更加丰富。在原建筑布局的基础上稍加改良，使空间的运用更加充分。

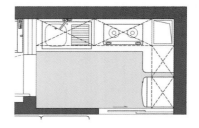

图 6-13　二室一厅户型厨房效果图

套房精装卫生间效果
Suite hardcover toilet effect

卫生间效果

　　此卫生间原本空间较为狭小，但是又必须满足各样使用功能，所以必须从人性化．精细化的角度出发进行空间布置。转角型淋浴房满足了干湿分离的要求，镜子采用可开启设计背后设置储物空间，让狭小的卫生间变得精致．人性。

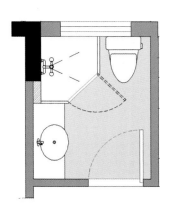

幸福花园精装修方案
The Happy Garden refined renovation program

图 6-14 二室一厅户型卫生间效果图

工程名称：松湖幸福花园所有塔楼　装饰分析

序号	项目名称	计量单位	工程量	金额（元）综合单价	合价	按塔楼建筑面积计算单价（元/平方）	按整个工程（包括地下室）计算单价（元/平方）
1		m2	6913	26	183132		
2	块料楼地面(600 6 00抛光砖)	m2	186759	180	33616698		
3	块料楼地面(300 3 00防滑砖)	m2	40205	150	6030737		
4	块料踢脚线	m2	13371	106	1414772		
5	块料楼梯面层	m2	10797	167	1797742		
6	304不锈钢栏杆	m	5883	556	3271661		
7	块料台阶面	m2	109	148	16165		
一	楼地面工程分部小计				46330907	233.4	182.1
1	600 6 00墙面砖内墙面	m2	17843	240	4282218		
2	内墙面砖(卫生间)	m2	101814	160	16290199		
二	墙、柱面工程分部小计				20572417	103.6	80.9
1	天棚吊顶	m2	23972	180	4315007		
三	天棚工程分部小计				4315007	21.7	17.0
1	铝合金玻璃门		9806	800	7844926		
2	订制实木门		12608	1100	13868633		
四	门窗工程分部小计				21713559	109.4	85.3
1	墙抹灰面油漆	m2	381469	18	6866436		
2	抹灰面油漆	m2	204842	16	3277477		
五	涂料工程分部小计				10143913	51.1	39.9
1	卫生间柜台	个	6633	1800	11939269		
2	厨房墙柜	个	3316	2600	8622805		
3	厨房吊柜	个	3316	2400	7959512		
六	厨房和卫生间橱柜				28521586	143.7	112.1
1	塑料管(PPR20管)	m	65498	21	1363658		
2	淋浴器	组	3653	54	197184		
3	水龙头DN15	个	637	23	14520		
4	水龙头	个	3653	15	53771		
七	给水工程分部小计				1629134	8.2	6.4
1	密封地漏DN50	个	577	23	13399		
2	雨水地漏DN75	个	3653	24	87086		

八	雨水、冷凝水分部小计				100484	0.5	0.4
1	PVC—U排水管（水平管）DN75	m	4026	36	143693		
2	PVC—U排水管（水平管）DN50	m	1955	23	45630		
3	洗脸盆	组	3653	342	1250393		
4	洗脸盆	组	3653	272	992132		
5	马桶	套	3653	950	3470270		
6	地漏DN75	个	7294	60	437629		
九	污废水分部小计				6339748	31.9	24.9
1	单联单控开关	个	25534	17	436893		
2	单联双控开关	个	7294	28	202476		
3	二三极插座	个	25534	22	551287		
4	空调等插座	个	10947	28	305304		
5	电气配管PC20	m	89182	12	1058590		
6	电气配管PC25	m	842	15	12230		
7	电气配线BV—2.5	m	399637	3	1214898		
8	吸顶灯	套	20067	240	4816082		
9	防水防尘吸顶灯	套	7284	280	2042269		
10	单管日光灯36W	套	3917	59	230375		
十	电气安装分部小计				10870404	54.8	42.7
1	小电器 电脑插座	个	7294	24	173812		
2	小电器 电话插座	个	3653	24	86647		
3	小电器 电视插座	个	10947	24	259657		
4	摄像机 视频线SYV—75—5	m	35205	4	155606		
5	电气配线:2.5	m	54343	3	163571		
十一	弱电分部小计				839292	4.2	3.3
1	交流电梯	部	58	550000	31900000		
十二	电梯分部小计				31900000	160.7	125.4
	总计				183276452	923.2	720.4

松湖幸福花园塔装饰部分，主要包括内容：
1、楼地面工程；
2、墙柱面层；
3、天棚吊顶；
4、室内成品木门、塑铜门；
5、涂料工程；
6、厨房和卫生间柜台；
7、给水工程：户内给水管、淋浴器、水龙头；
8、排水工程：户内排水管、洗脸盆、洗菜盆、蹲式大便器和水箱、地漏；
9、电气安装户内开关、插座、户内电气配管配线、灯具；
10、电梯安装：58部电梯。

幸福花园精装修方案
The Happy Garden refined renovation program

图 6-15 装修材料预算表

第二节　居住空间设计案例二

案例：百灵京都复式户型设计方案——湖北今泰装饰设计（图 6-16 ～图 6-24）

本户型为复式住宅空间，设计风格定位为古典欧式风格。在设计上首先根据业主的需求，进行功能布局分区。在造型上，用欧式线条勾勒其装饰造型，典雅大气。在材质上，采用仿古地砖、欧式壁纸、地毯等，稳重、华贵且舒适。在家具配置上，本案选用柚木饰面的家具，细节雕刻精美，洋溢着古典的稳重华丽。该项目整体风格协调统一，营造出一种和谐温馨、华贵典雅的居室氛围。

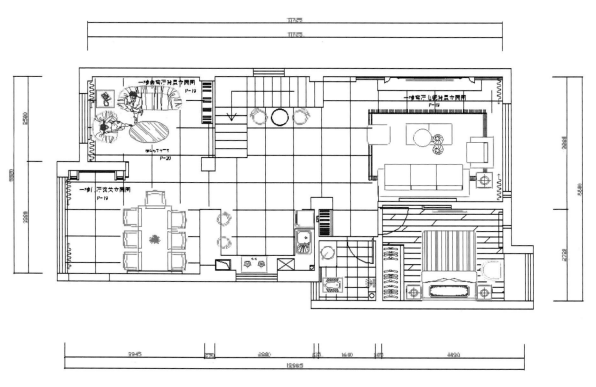

图 6-16 一层平面布置图

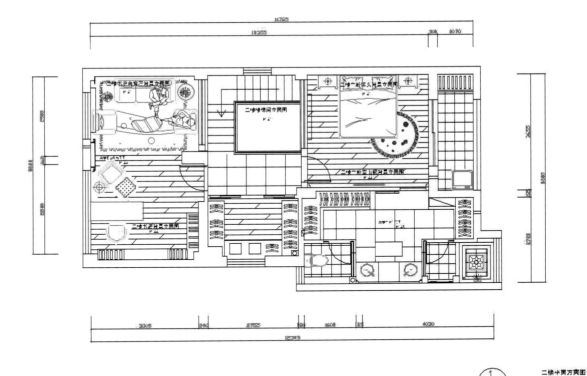

图 6-17 二层平面布置图

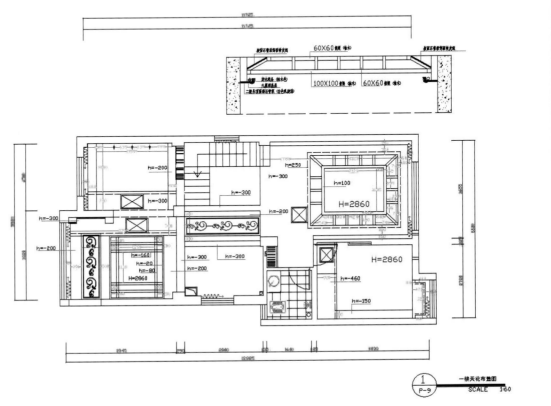

图 6-18 一层天花布置图

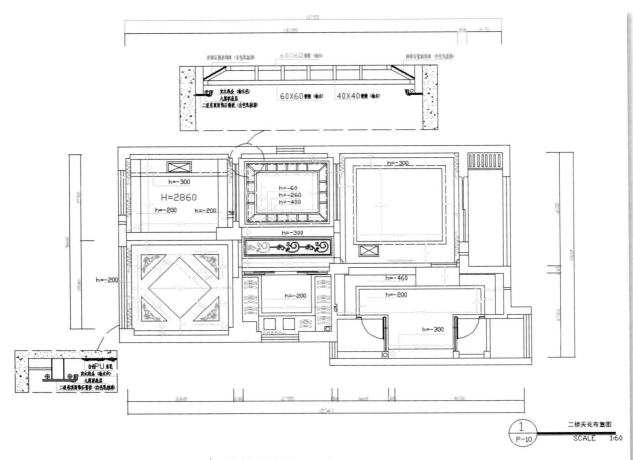

图 6-19　二层天花布置图

图 6-20　厨房、餐厅效果图

图 6-21 会客厅效果图

图 6-22 书房效果图

图 6-23 主卧效果图

图 6-24 主卫效果图

参考文献

[1] 赵一，吕丛娜，丁鹏，唐丽娜. 居住空间室内设计：项目与实战[M]. 北京：清华大学出版社，2013.

[2] 刘爽，陈雷. 居住空间设计[M]. 北京：清华大学出版社，2012.

[3] 高钰，孙耀龙，李新天. 居住空间室内设计速查手册[M]. 北京：机械工业出版社，2009.

[4] 谭长亮. 居住空间设计[M]. 上海：上海人民美术出版社，2006.

[5] 程宏，樊灵燕，赵杰. 室内设计原理[M]. 北京：中国电力出版社，2008.

[6] 张超，李欣，刘晓荣. 住宅空间设计[M]. 北京：北京工艺美术出版社，2009.

[7] 张绮曼，郑曙旸. 室内设计资料集[M]. 北京：中国建筑工业出版社，2002.

[8] 吴骥良. 建筑装饰设计[M]. 天津：天津科学技术出版社，1998.

[9] 张倩. 室内装饰材料与构造教程[M]. 重庆：西南师范大学出版社，2013.

[10] GB 50327-2001住宅装饰装修工程施工规范[M]. 北京：中国建筑工业出版社，2002.

[11] 室内设计装饰材料大全

[12] 室内装饰施工工艺流程

[13] 文健，周可亮.室内软装饰设计教程[M]. 北京：北京交通大学出版社，2011.

[14] 蒲军，朱永忠. 室内陈设设计[M]. 北京：北京工艺美术出版社，2009.

[15] 李凤崧. 家具设计[M]. 北京：中国建筑工业出版社，2005.